新型城镇化配电网规划设计

国网浙江省电力有限公司　组编

中国电力出版社
CHINA ELECTRIC POWER PRESS

内 容 提 要

本书介绍配电网规划的内容、流程与方法，主要包括配电网现状评估、空间负荷预测、高中压配电网架规划、配电自动化规划、配电网规划实施效果评价等内容。本书结合典型实例，从收集资料到实际操作再到成果展示，呈现了配电网规划工作的全貌，并对新型城镇化配电网规划设计一体化和新型城镇化配电网规划设计的管理提出了相应的优化策略。

本书可供配电网规划从业人员及相关专业人员学习参考。

图书在版编目（CIP）数据

新型城镇化配电网规划设计 / 国网浙江省电力有限公司组编. —北京：中国电力出版社，2019.4
（2021.7重印）
ISBN 978-7-5198-3061-8

Ⅰ. ①新… Ⅱ. ①国… Ⅲ. ①城市配电网–电力系统规划–中国 Ⅳ. ①TM727.2

中国版本图书馆 CIP 数据核字（2019）第 068998 号

出版发行：中国电力出版社
地　　址：北京市东城区北京站西街 19 号（邮政编码 100005）
网　　址：http://www.cepp.sgcc.com.cn
责任编辑：刘丽平　王蔓莉
责任校对：黄　蓓　李　楠
装帧设计：赵丽媛
责任印制：石　雷

印　　刷：三河市航远印刷有限公司
版　　次：2019 年 12 月第一版
印　　次：2021 年 7 月北京第二次印刷
开　　本：787 毫米×1092 毫米　16 开本
印　　张：13.75
字　　数：301 千字
印　　数：1001—1500 册
定　　价：49.00 元

编 委 会

前　言

社会经济的发展离不开可靠的电网保障。"经济要发展，电力须先行"已成为全社会的共识。配电网络是实现电能安全供应，推动区域稳定发展的重要基础设施，其建设的重要性不言而喻，而配电网规划，作为配电网建设的重要前端工作环节，对制定电网远景目标、审视发展方向、确定建设重点、落实规划方案、安排项目时序等起着关键作用。

2014 年 3 月，《国家新型城镇化规划（2014—2020 年）》正式发布。2014 年 12 月，国家发改委等 11 个部委联合下发了《关于印发国家新型城镇化综合试点方案的通知》（发改办规划〔2018〕496 号）。此后，国家发改委先后公布了三批国家新型城镇化综合试点地区名单，共涉及城市（镇）188 个。在此期间，电网建设工作已经取得了一定成果，然而随着土地的开发、产业的丰富、人口的聚集，对电力能源基础设施的建设也提出了更高的要求。

本书共九章，全面系统地介绍了配电网规划工作的各个环节，内容涵盖配电网现状评估、区域空间负荷预测、高中压配电网规划方案编制、配电网智能化规划、配电网规划实施效果评价、配电网规划设计一体化、配电网规划设计的管理策略。本书从工作内容到工作流程再到操作方法，结合典型实例，详细介绍了配电网规划工作的整体思路与流程，从不同角度体现新型城镇化配电网规划的要点与差异，同时对规划工作管理流程提出了相应的提升策略。本书可以帮助从事电力系统规划与建设的人员掌握配电网规划工作的要点和难点；也可作为教材，让非电力规划专业的朋友们熟悉配电网规划的内容。

本书在编制过程中得到了国网嘉兴供电公司各级领导以及编写组成员的大力支持，在此对他们的辛苦付出表示感谢。同时本书中所有实例均取自真实案例，编写过程中得到了规划编制一线工作人员的数据资料支撑，在此也向他们致以崇高敬意！

由于水平与时间的限制，本书不足之处在所难免，敬请广大读者批评指正。

编　者
2019 年 4 月

目　录

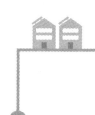

第一章

综　述

第一节　新型城镇化配电网的特征

新型城镇化是以城乡统筹、城乡一体、产业互动、节约集约、生态宜居、和谐发展为基本特征的城镇化，是大中小城市、小城镇、新型农村社区协调发展、互促共进的城镇化。

2014 年 3 月，《国家新型城镇化规划（2014—2020 年）》正式发布。2014 年 12 月，国家发改委等 11 个部委联合下发了《关于印发国家新型城镇化综合试点方案的通知》，将 62 个城市（镇）列为国家新型城镇化综合试点地区。2015 年政府工作报告明确提出"加强资金和政策支持，扩大新型城镇化综合试点"。按照国家新型城镇化综合试点方案明确的时间表，2014 年年底前开始试点，并根据情况不断完善方案，到 2017 年各试点任务取得阶段性成果，形成可复制、可推广的经验；2018—2020 年，逐步在全国范围内推广试点地区的成功经验。

当前，我国新型城镇化总体进展情况良好，建设了一批工业主导型、商贸带动型、现代农业型、生态旅游型小城镇，突出表现在：农民工融入城镇的政策在不断完善，中小城市和城市群的建设扎实有序推进，新型城市建设加快推进以及新型城镇化综合试点初见成效。

配电网是指从输电网和各类发电设施接受电能，通过配电设施就地或逐级分配给各类电力用户的 110kV 及以下电力网络。配电网是电网的重要组成部分，与城乡规划建设密切相关，是服务民生的重要基础设施，直接面向终端用户，需要快速响应用户需求，具有外界影响因素复杂、地区差异性大、设备数量多、工程规模小且建设周期短等特点。

为适应新型城镇化的规划发展，在《国家新型城镇化规划（2014—2020 年）》中提出了建设安全可靠、技术先进、管理规范的新型配电网体系。新型配电网体系特征：技术先进、结构合理、灵活可靠、经济高效的一流城镇配电网。

"技术先进"是指：采用集成、环保、低损耗的智能化设备，应用配电自动化和通信技术，以先进技术标准引领配电网发展；具备信息交互能力，实现电网、电源和客户之间电力流、信息流、业务流的多向流动。

"结构合理"是指：构建输配协调、强简有序、远近结合、标准统一的网络结构，能够抵御各类故障，满足用户可靠供电需求；建设分层分区配电网结构，加强联络的有效性，强化电站之间的联络率，适应高可靠性供电的需求；开展网格化规划，明确10kV线路的供电范围，形成具有新型城镇化特色的坚强网架结构。

　　"灵活可靠"是指：提高调度、运行和控制能力，实现分布式电源和多元化负荷的即插即用；具备故障自动检测、隔离和恢复的自愈能力，供电可靠性和电能质量达到世界领先水平。

　　"经济高效"是指：优化网络结构和运行方式，减少电能损耗，提高配电设备利用效率，实现资源优化配置和资产效率最优，充分发挥电网效益效率；精细把握负荷的增长，运用设备全生命周期理论，充分利用现有配电网资源，合理控制配电网建设改造规模，提高配电网投资经济性，进而实现配电网经济效益的整体提升。

第二节　新型城镇化配电网规划设计的主要任务

　　配电网规划设计要全面落实国家和地方经济社会发展目标要求，深入分析配电网现状、存在问题及面临的形势，研究提出配电网发展的指导思想、发展目标、技术原则、重点任务及保障措施，指导配电网建设和改造。一方面要以经济社会发展为基础，分析配电网发展需求，合理确定总体发展速度、建设和投资规模；另一方面要根据存在的具体问题和负荷需求，研究制定目标网架结构、站点布局、用户和电源接入方案等，明确工程项目，以及建设时序和投资。

　　配电网规划设计年限应与国民经济和社会发展规划的年限保持一致，与城乡发展规划、输电网规划等相互衔接，规划期限一般为5年，主要分析现状及问题，明确发展目标，开展专题研究，制订规划方案，提出5年35～110kV电网项目和2年内10kV及以下电网项目。当城乡总体规划、土地利用总体规划、控制性详细规划等较为详细时，配电网规划可展望至10～15年，确定配电网中长期发展方向，编制远景年的目标网架及过渡方案，提出上级电源建设、电力设施布局等方面的建议。

　　配电网发展的外部影响因素多，用户报装变更、通道资源约束、市政规划调整等都会影响配电网工程项目建设。为更好地适应各类变化情况，配电网规划设计应建立逐年评估和滚动调整机制，根据需要及时研究并调整规划方案，保证规划的科学性、合理性、适应性。

　　结合新型城镇化的实际情况，配电网规划设计侧重以下工作任务：

　　1. 强化配电网统一规划

　　统一规划城乡配电网，统筹解决城乡配电网发展薄弱问题，促进新型城镇化建设和城乡均等化发展；配电网与市政规划相协调，在配电网规划的基础上，开展电力设施布局规划，将规划成果纳入城乡发展规划和土地利用规划，实现配电网与城乡其他基础设施同步规划、同步建设；电网电源统一规划，优化电源与电网布局，加强规划衔接，促进新能源、分布式电源、电动汽车充换电设施等多元化负荷与配电网协调有序发展；实现输配电网、一次网架设备与二次系统、公共资源与用户资源之间相衔接。

2. 提升供电可靠性，保障供电服务

结合国家新型城镇化规划及发展需要，适度超前建设配电网；紧密跟踪市区、县城、中心城镇和产业园区等经济增长热点，及时增加供电能力，消除城镇用电瓶颈；力争到2020年供电可靠率达到99.88%以上，用户年均停电时间不超过10h。

3. 解决现状问题、优化网架结构

合理规划变电站站址和线路廊道，构建强简有序、相互支援的目标网架，远近结合，科学制订过渡方案；按照供电区"不交叉、不重叠"的原则，合理划分变电站供电范围，解决网架结构不清晰问题；合理设置中压线路分段点和联络点，提升中压线路联络率，提高配电网转供能力。

4. 配电网设备标准化，提升装备水平

完善设备技术标准体系，引导设备制造科学发展；优化设备序列，简化设备类型，规范技术标准，推行功能模块化、接口标准化，提高配电网设备通用性、互换性；注重节能降耗、兼顾环境协调，采用技术成熟、少（免）维护、具备可扩展功能的设备；在可靠性要求较高、环境条件恶劣（如高海拔、高寒、盐雾、污秽严重等）以及灾害高发等区域适当提高设备配置标准。

5. 推广节能技术，实现节能减排

应用先进配电技术，科学选择导线截面和变压器规格，提升经济运行水平；加强配电网无功规划和运行管理，实现各电压层级无功就地平衡，减少电能传输损失；推广电能替代，带动产业和社会节能减排；加强需求侧管理，引导用户科学用能，积极参与需求响应，提高能源利用效率，促进节能减排。

6. 普及配电自动化和智能技术

加强配电自动化建设。持续提升配电自动化覆盖率，提高配电网运行监测、控制能力，实现配电网可观可控，变"被动报修"为"主动监控"，缩短故障恢复时间，提升服务水平；推广城镇地区集中式配电自动化方案，合理配置配电终端，缩短故障停电时间，逐步实现网络自愈重构；乡村地区推广简易配电自动化，提高故障定位能力，切实提高实用化水平；坚持一二次协调的原则，同步规划建设配电通信网，确保通信带宽容量裕度，提高对相关业务的支撑能力。

满足新能源和分布式电源并网。推广应用新能源发电功率预测系统、分布式电源"即插即用"并网设备等技术，满足新能源、分布式电源广泛接入的要求。

推进用电信息采集全覆盖。加快智能电能表推广应用，全面建设用电信息采集系统，推进用户用电信息的自动采集。探索应用多元化、网络化、双向实时计量技术和用电信息采集技术，全面支撑用户信息互动、分布式电源及多元化负荷接入等业务，为实现智能双向互动服务提供信息基础。到2020年，智能电能表覆盖率达到90%。

第三节　新型城镇化配电网规划设计工作流程及工作内容

一、工作流程

新型城镇化配电网规划设计的流程如图 1-1 所示。

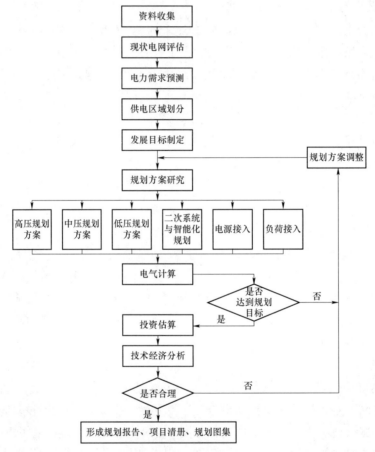

图 1-1　新型城镇化配电网规划设计流程示意图

二、工作内容

新型城镇化配电网规划设计的主要工作内容有：

（1）现状评估分析。逐站、逐变、逐线分析配电网现状，从供电能力、网架结构、装备水平、运行效率、智能化等方面，诊断配电网存在的主要问题及原因，结合地区经济社会发展要求，分析面临的形势。

（2）电力需求预测。结合历史用电情况，预测规划期内电量与负荷的发展水平，分析用电负荷的构成及特性，进行电力平衡分析，提出分电压等级网供负荷需求，具备控制性详规的地区应进行饱和负荷预测和空间负荷预测，进一步掌握用户及负荷的分布情况和发展需求。

（3）供电区域划分。依据行政级别和负荷密度，参考经济发达程度、用户重要程度、用电水平、GDP 等因素，合理划分配电网供电区域，分别确定各类供电区域的配电网发展目标，以及相应的规划技术原则和建设标准。

（4）发展目标确定。结合地区经济和社会发展需求，提出配电网供电可靠性、电能质量、目标网架和装备水平等规划水平年发展目标和阶段性目标。

（5）变配电容量估算。根据负荷需求预测以及考虑各类电源参与的电力平衡分析结果，依据容载比、负载率等相关技术原则要求，确定规划期内各电压等级变电、配电容量需求。

（6）网络方案制订。制订各电压等级目标网架及过渡方案，科学合理布点、布线，优化各类变配电设施的空间布局，明确站址、线路通道等建设资源需求。

（7）二次系统与智能化规划。提出与一次系统相适应的通信网络、配电自动化、继电保护等二次系统相关技术方案；分析分布式电源及多元化负荷高渗透率接入的影响，推广应用先进传感器、自动控制、信息通信、电力电子等新技术、新设备、新工艺，提升智能化水平。

（8）用户和电源接入。根据不同电力用户和电源的可靠性需求，结合目标网架，提出接入方案，包括接入电压等级、接入位置等；对于分布式电源、电动汽车充换电设施、电气化铁路等特殊电力用户，开展谐波分析、短路计算等必要的专题论证。

（9）电气计算分析。开展潮流、短路、可靠性、电压质量、无功平衡等电气计算，分析校验规划方案的合理性，确保方案满足电压质量、安全运行、供电可靠性等方面技术要求。

（10）投资估算。根据配电网建设与改造规模，结合典型工程造价水平，估算确定投资需求，以及资金筹措方案。

（11）技术经济分析。综合考虑企业经营情况、电价水平、售电量等因素，计算规划方案的各项技术经济指标，估算规划产生的经济效益和社会效益，分析投入产出和规划成效。

配电网规划设计应依据统一技术标准要求，紧扣供电可靠性，贯彻差异化、资产全寿命周期管理等先进理念，统筹配电网建设和改造，遵循经济性、可靠性、差异性、灵活性、协调性的原则。

（1）经济性：遵循全寿命周期的管理理念，统筹考虑电网发展需求、建设改造总体投资、运行维护成本等因素，导线截面一次选定、廊道一次到位、变电站土建一次建成，避免大拆大建和重复建设；对项目实施方案进行多方案比选，分析投入产出，选取技术指标和经济指标较优的规划方案；规划建设规模和投资方案以供电企业为基本单位进行财务评价，确定企业的贷款偿还能力和经济效益，保证可持续发展。

（2）可靠性：满足电力用户对供电可靠性要求和供电安全标准。可靠性一般通过供电可靠率（Reliability on Service - 3，RS - 3）判定，配电网向电力用户持续供电的能力，通常根据某一时期内电力用户的停电时间进行核算，计及故障停电和预安排停电（不计系统电源不足导致的限电）；供电安全标准一般通过某种停运条件下的供电恢复容量和供电恢复时间等要求进行评判，停运条件包括 $N-1$ 停运和 $N-1-1$ 停运，前者是指故障或计划停运，后者是指计划停运的情况下发生故障停运。配电网规划应兼顾可靠性与经济性，可靠性目标值过低，不能满足用户的用电要求；可靠性目标值过高，将造成过度的资金投入，使投资效益下降。

（3）差异性：满足不同电力用户的差异性用电要求，按照不同地区的地理及环境差异，划分供电区域进行差异化规划。一般按照地区行政级别、负荷密度、用户重要程度等，按照统一的标准和原则，将配电网划分为若干类不同的区域，根据区域经济发展水平和可靠性需求，制定相应的建设标准和发展重点。

（4）灵活性：配电网发展面临很多不确定因素，规划方案应具有一定的灵活性，能够适应规划实施过程中上级电源、负荷、站址通道资源等变化。同时，规划方案应充分考虑运行需求，提升智能化水平，能够在各种正常运行、检修等情况下灵活调度，确保配电网对运行条件变化的适应性，满足新能源、分布式电源和多元化负荷灵活接入，实现与用户友好互动。

（5）协调性：配电网是电力系统发、输、配、用电的中间环节，因此配电网规划设计应体现输配协调、城乡协调、网源协调、配用协调、一二次协调。同时，配电网规划应与城市发展规划紧密结合，统筹用户和公共资源，应用节能环保设备设施，促进配电网与周边景观协调一致，实现资源节约和环境友好。

第四节　新型城镇化配电网规划设计深度要求

1. 地区经济社会发展概况

（1）地区总体情况：介绍本地区的地理位置、行政区划、自然条件、交通条件及资源优势等内容，并给出本地行政区划示意图。

（2）经济社会发展历史：整理本地区统计年鉴等参考资料，介绍并分析 5～10 年本地区经济和社会发展状况。列表给出主要统计指标，包括行政区土地面积、建成区面积、GDP 规模、产业结构、人口规模以及城镇化率等。

（3）经济社会发展规划：介绍本地区最新总体规划，引述并分析规划期内国民经济和社会发展总体目标、城乡总体规划、土地利用总体规划、产业结构发展趋势以及规划期内的重点建设项目等内容。

2. 电网现状评估

（1）110（35）kV 电网现状概况：简述本地区及各分区 110（35）kV 电网整体情况，包括网架结构、变电规模、线路规模及设备运行情况等。10kV 电网现状概况：简述本地区及各分区 10kV 电网整体情况，包括网架结构、电网规模、无功配置及设备运行情况等。380/220V 电网现状概况：简述本地区 380/220V 电网结构，列写线路主要导线截面，给出本地区及各分区的线路规模。

（2）电网现状评估：供电质量指标，分区统计供电可靠率、综合电压合格率等供电质量指标；网架合理性指标，分区、分电压等级统计设备 $N-1$ 通过率、10kV 主干线路单放射比例等网架合理性指标；供电能力指标，分区、分电压等级统计变电容载比、主变压器/配电变压器负载率、线路负载率等供电能力指标；装备水平指标，分区、分电压等级统计 10kV 架空线路绝缘化率、高损耗配电变压器比例、配电自动化终端覆盖率等装备水平指标；经济社会性指标，分区统计上轮规划期单位新增负荷投资、综合线损率、各电压等级线损率、一户一表率等经济和社会性指标。主要问题分析，总结配电网存在的主要问题，包括网架结构、供电能力、设备情况、配电网管理、建设环境、建设资金等方面。

3. 电力需求预测

（1）历史数据分析：统计电力负荷和电量的历史数据，分析规划区内负荷和电量的变化趋势；给出年负荷曲线和典型日负荷曲线，结合曲线分析电网负荷特性和参数的变化情况。

（2）电量预测：根据历史数据和相关负荷增长资料，结合经济社会发展，选用合适的预测方法进行用电量预测，提出高、中、低三种方案，并给出推荐方案；本地区及各分区逐年的用电量及增长率、对用电量增长趋势的分析等。

（3）电力负荷预测：根据负荷的历史数据，结合用电量预测结果，选用合适的预测方法进行电力负荷预测，包括开展空间负荷预测、近期及饱和负荷预测。提出高、中、低三种方案，并给出推荐方案；本地区及各分区逐年的最大负荷及增长率、对负荷增长趋势的分析，可包括水平年典型日负荷曲线和年负荷曲线等。

4. 规划目标和技术原则

（1）规划目标：根据负荷预测，结合配电网的现状，对不同类别的供电区类型，分别提出配电网在规划期内应实现的总体目标，并根据总体目标提出到规划期末应达到的相关指标，阐述规划期内要重点解决的问题。为便于实现远近结合，通过远期目标指导近期规划建设，可在先提出远景目标的基础上，给出规划期内应达到的目标。

（2）主要技术原则：110（35）kV 电网规划主要技术原则，主要就容载比、电网结构、建设标准和建设形式、主要设备选型和装备水平等方面提出相关技术原则；35kV 电网规划主要技术原则；10kV 电网规划主要技术原则，主要就电网结构、典型接线形式、供电半径、分区供电方式、建设标准和建设形式、主要设备选型和装备水平等方面提出相关技术原则；380/220V 电网规划主要技术原则，根据地区功能定位和区域类型划分，提出 380/220V 架空线路和电缆线路的导线截面、典型接线形式、供电半径，以及低压配电装置选型等方面的技术原则。

5. 110（35）kV 电网规划建设方案

（1）规划边界条件：简要介绍上级 220kV（或 330kV）电网的规划结果，包括网架结构、新增变电站座数和容量、新建线路条数和长度等，描述上级电网分区分层规划情况。

（2）变电规划：变电容量需求分析，根据 110（35）kV 公用网网供负荷预测结果，依据规划技术原则，分析预测规划期末 110（35）kV 电网需达到的变电容量，分析规划期内需新增的变电容量；变电建设规模简述规划期内 110（35）kV 变电建设整体规模，并分新扩建和改造介绍 110（35）kV 变电站规划建设规模；变电站布点方案，根据变电容量需求分析得出的需新增主变容量结果，结合上级电源规划方案和电网发展的实际需要，提出 110（35）kV 电网变电站规划布点方案，同时提出对电源布点、上级 220kV（或 330kV）变电站布点的建议。

（3）网架规划：网架结构规划，依据规划技术原则，根据变电站布点和容量布置，结合电网地理接线示意图论述 110（35）kV 电网结构。线路通道规划，论述线路通道规划结果。线路建设规模，分新建和改造估算 110（35）kV 电网规划建设规模。

（4）电气计算：包括潮流计算、$N-1$ 校核、短路电流计算等。

6. 10kV 电网规划建设方案

（1）网架规划：网架结构，根据不同类别供电区的供电可靠性要求和负荷密度发展情况，给出规划期内 10kV 电网网架结构的发展目标，说明现有网架结构向其过渡的主要方式。网络新建规划，根据 10kV 公用网网供负荷预测结果、10kV 出线间隔情况以及变电站供电区域划分情况，考虑区域内分布式电源接入，分年度安排 10kV 电网新增出线的条数和主干线走向，确定线路建设型式（架空或电缆线路），估算 10kV 配电线路工程新建规模。开关设备，根据变电站的供电半径，结合变电站供电区域划分情况、10kV 电网规划结构、上级电网对应出线间隔规划情况，论述 10kV 电网联络及分段，分析开关站、环网柜的建设需求，估算架空线路的分段、联络开关等柱上开关以及电缆线路的电缆分支箱等规模。

（2）网络改造规划：根据 10kV 电网主要设备的运行年限及健康水平，论述 2 年内线路改造方案，估算改造工程规模，列表说明开关、线路长度、杆塔及沟道等主要工程量。

（3）配电变压器规划：10kV 配电变压器容量需求分析，以 10kV 公用网公用配电变压器负荷预测为基础，充分考虑电网现状，依据规划技术原则中的配电变压器容量序列及有关标准，估算分年度、各分区 10kV 配电变压器的容量和数量规模；配电变压器新建规划，根据配电变压器容量需求分析结果和网架规划方案，依据规划技术原则，充分考虑地区发展实际情况，估算 10kV 电网的配电室、箱式变压器、柱上变压器等配变工程建设规模。

（4）配电变压器改造规划：根据 10kV 配电变压器的运行年限和健康水平，结合负荷发展需要和供电可靠性要求，论述配电变压器改造方案，估算改造工程规模，列表说明配变、无功补偿等主要工程量。

（5）技术经济分析：包括潮流计算、10kV 电网 $N-1$ 供电安全水平、负荷转供能力校核、短路电流计算、可靠性计算、经济分析等。

7. 投资估算与规划成效分析

（1）投资估算：按照公用网投资和用户工程投资两个口径进行统计；分类统计各电压等级配电网的新扩建工程和改造工程投资规模。

（2）规划成效分析：配电网整体规划效果，分析规划方案实施后配电网整体改善情况，评价规划效果，说明对规划目标的满足程度；结合负荷预测结果和规划网架结构，列表分析主要综合性指标，包括供电可靠率、综合线损率、综合电压合格率等；说明规划期内对配电网存在问题的解决情况；技术经济指标分析，对比分析规划实施前后 110（35）kV、10kV 电网有关技术经济指标的改善情况，评价规划效果，说明对规划目标的满足程度。

（3）经济效益分析：包括投入效率分析、财务评价、敏感性分析。

（4）社会效益分析：简述配电网规划方案的实施发挥的社会效益，包括对经济的刺激和推动作用，对节能减排的贡献，以及解决无电户通电在改善社会民生方面发挥的积极作用等。

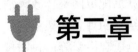

第二章

新型城镇化配电网评估

第一节　新型城镇化配电网评估的主要内容

现状配电网评估是配电网规划的基础性工作之一，其主要目的在于剖析配电网在网架结构、运行指标、设备状况等方面的实际情况，找出配电网存在的问题，并以问题为导向，指导近期配电网规划方案，因而评估成果的精准度将直接影响后续配电网网架规划中建设及改造方案的质量。

新型城镇化配电网评估主要内容包括以下六个部分：确定评估范围；建立针对新型城镇化配电网特点的评估体系；收集资料对配电网现状进行统计、摸底；对收集到的数据进行精细化处理；完成新型城镇化配电网评估体系表，并计算得分；分析得分情况，有针对性地提出对新型城镇化配电网下一步建设及改造的相关意见和建议。

新型城镇化配电网评估工作的内容相较于常规配电网评估，其差异性体现在以下三个方面：评估方法适用于新型城镇化配电网特点，突出五类新型城镇发展建设的特点；评价指标更具针对性和实用性，能直接反映配电网存在的问题，更侧重微观分析——站、变、线的评估，对后续改造工作具有更明确的指导意义；提升与各级评价指标的契合度，对部分指标的归类进行了调整，使指标体系结构更合理。

第二节　新型城镇化配电网评估工作流程

新型城镇化配电网评估工作流程如图 2-1 所示。

一、确定评估工作目标

明确评估工作的目标、内容、范围等总体原则，就决定了评估工作的方向、深度以及整个评估工作的工作量，是对工作的指导性依据。

新型城镇化配电网评估地理范围即本次新型城镇化配电网规划所在规划区，评估对象为规划区内配电网设备，涉及电压等级有 110（35）kV、10（20）kV 和 380/220kV。

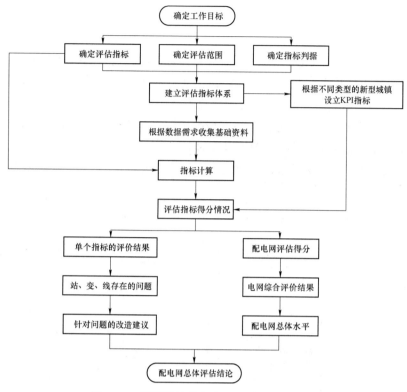

图 2-1　新型城镇化配电网评估工作流程图

二、建立评估指标体系

　　确定评估的指标体系和具体指标、评分标准、判据标准和权重选择，一方面决定了数据收资的具体内容，另一方面确定了评估计算分析中的关键要素和规则，是开展评估后续工作的前提。

　　总体评估指标体系涵盖配电网供电质量、电网结构、供电能力、供电安全、建设资源及电网效率等指标。在此基础上，以五类新型城镇定位为导向，结合具体情况设定不同指标针对五类城镇对应的权重值，并选取其中体现该类区域电网特征的指标，设立 KPI 指标，如图 2-2 所示。

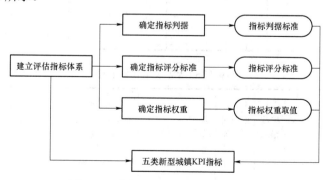

图 2-2　指标体系建立的工作流程图

三、资料收集

翔实准确的原始资料是配电网评估工作的有力保障。资料的收集范围须紧扣新型城镇化配电网评估指标体系，其决定了评价指标计算的实现和计算的准确性，为后续数据处理及结果分析提供支撑。因而，基础数据收集范围应涵盖110（35）kV、10（20）kV、380/220V等电压等级，涉及的方面包括区域配电网总体规模、运行水平、供电能力、网架适应性等。同时需注意资料的准确性以及时效性。

变电站、线路、配电变压器、电力通道的收资表如表2-1～表2-6所示。

表 2-1　　　　　　　　　　　220kV 变电站收资表格

变电站名称	所属区域	所属区域类型	主变压器台数（台）	主变压器容量（MVA）	典型日主变压器最高负荷（MW）			最高负荷日主变压器最高负荷（MW）			春夏季最高负荷日主变压器最高负荷（MW）			110kV 仓位情况			35kV 仓位情况		
					主变压器1	主变压器2	主变压器3	主变压器1	主变压器2	主变压器3	主变压器1	主变压器2	主变压器3	配置仓位数	已使用仓位数	剩余仓位数	配置仓位数	已使用仓位数	剩余仓位数

表 2-2　　　　　　　　　　　110（35）kV 变电站收资表格

变电站名称	所属区域	所属区域类型	主变压器台数（台）	主变压器容量（MVA）	典型日主变压器最高负荷（MW）			最高负荷日主变压器最高负荷（MW）			春秋季最高负荷日主变压器最高负荷（MW）			电源线路数	电源线路名称			35kV 仓位情况			10kV 仓位情况		
					主变压器1	主变压器2	主变压器3	主变压器1	主变压器2	主变压器3	主变压器1	主变压器2	主变压器3		线路1	线路2	线路3	配置仓位数	已使用仓位数	拼仓数	配置仓位数	已使用仓位数	拼仓数

表 2-3　　　　　　　　　　　110（35）kV 线路收资表格

线路名称	所属区域	所属区域类型	电源220kV变电站名称	接线模式	线路限额（A）	典型日主变压器最高负荷（MW）	最高负荷日主变压器最高负荷（MW）	春秋季最高负荷日主变压器最高负荷（MW）	对端联络线路名称

表 2-4　　　　　　　　　　　　　　　10kV 线 路 收 资 表 格

线路名称	所属变电站	性质	线路属性	电压等级	所属区域	所属区域类型	接线模式	投运时间	运行分析							
									线路限额(A)	典型日电流(A)	负载率(%)	全年最大电流(A)	最高负荷(MW)	最高负载率(%)	线路供电量(万kWh)	平均负载率(%)

线路名称	主干线型号			一级分支线型号	主干线长度				分支线长度				线路总长			供电半径(km)
	电缆	架空绝缘线	架空裸导线		总长度(km)	电缆(km)	绝缘线(km)	裸导线(km)	总长度(km)	电缆(km)	绝缘线(km)	裸导线(km)	总长度(km)	架空线(km)	裸导线(km)	

线路名称	公用10kV站点								专用10kV站点							
	配电室			箱式变电站			柱上变压器		配电室			箱式变电站			柱上变压器	
	座数	配电变压器台数	容量(kVA)	座数	配电变压器台数	容量(kVA)	台数	容量(kVA)	座数	配电变压器台数	容量(kVA)	座数	配电变压器台数	容量(kVA)	台数	容量(kVA)

线路名称	配电变压器						开关设备					分段开关	
	公用		专用		总计		开关站	环网柜	分支箱	柱上断路器			
	台数	容量(kVA)	台数	容量(kVA)	台数	容量(kVA)	数量(座)	数量(座)	数量(座)	真空(台)	SF₆(台)	开关(台)	环网柜(座)

线路名称	分段数	各分段配电变压器台数			各分段配电变压器容量(kVA)			站间联络	联络点个数	联络点1对端线路名称	联络点1对端导线截面(mm²)	联络点2对端线路名称	联络点2对端导线截面(mm²)	……
		1	2	……	1	2	……							

表 2-5　　　　　　　　　　　　　　10kV 配 变 收 资 表 格

所属区域	所属区域类型	配电变压器名称	所属供电所	所属变电站	所属线路	所属线路段数(Ⅰ/Ⅱ/Ⅲ/Ⅳ/Ⅴ/Ⅵ/Ⅶ)	性质(公用/专用)	配电变压器型号	配电变压器容量(kVA)	是否非晶合金配电变压器(是、否)	投运年份(改造年份)	最大负荷(kW)	最大负载率(%)	平均负荷(kW)	负载率(%)

表 2-6　　　　　　　　　　　　　　电 力 通 道 收 资 表 格

路段	通道类型	排管长度(km)	孔位总数	有效孔位数	已利用孔位数	有效孔位总长(km)	已利用孔位长度(km)
××路（××路–××路）							

四、数据处理及指标计算

对初步收集到的数据进行精细化处理是评估工作的重要环节。由电力部门提供或由系统内导出的数据其中一部分是较为基础的设备数据，而配电网评估所需的数据需由基础数据计算得出，如图2-3所示为资料收集与数据处理工作流程。

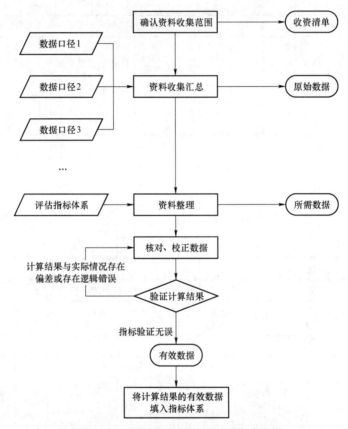

图2-3 资料收集与数据处理工作流程图

由于不同部门对同一指标数据的界定与统计方式存在差异，各部门的数据口径不统一，可能造成不同部门提供的数据之间出现逻辑性矛盾，如在线路回数上，规划条线按变电站出线数量确定为线路回数，运检条线则按线路设备数量确定为线路回数，两者之间数据存在差别。因此需要对计算过程中的数据以及计算结果进行核对，并在有必要的情况下对数据加以修正。

五、完成指标体系表

利用处理后的配电网相关指标数据完成指标体系表是评估结果的体现形式。根据整理后的数据资料，完成新型城镇化电网建设改造效果评价指标体系表，评判指标得分，如图2-4所示。

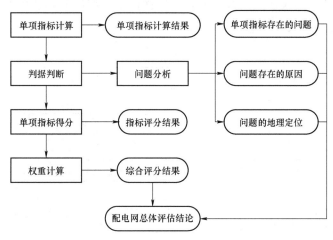

图 2-4 评估计算分析流程图

六、评估结论分析

对评估得分加以分析并得出相应结论是评估工作的最终目标。在前期工作、资料收集和整理的基础上，一方面，对各项指标开展计算分析，综合各项指标的计算结果，开展配电网综合评价，得到综合评价结果；另一方面，找出问题产生的原因，将问题入网落地，结合配电网实际情况，提出相应的整改策略或建设意见。

第三节 新型城镇化配电网评估指标体系

一、建立评价指标体系的方法

1. 层次分析法概述

层次分析法（Analytic Hierarchy Process，AHP）是美国运筹学家 T. L. Saaty 教授于20 世纪 70 年代初期提出的一种简便、灵活而又实用的多准则决策方法。

层次分析法主要针对一些较为复杂、较为模糊的问题做出决策的简易方法，是在决策过程中对非定量事件做定量分析、对主观判断做客观分析的有效方法。它特别适用于一些难以完全定量分析的问题，清晰的层次结构是 AHP 分解简化综合复杂问题的关键。目前，层次分析法已实际运用于具体的配电网评估工作中。

2. 层次分析法基本原理

人们在进行社会、经济及科学管理领域问题的系统分析中，常常面临一个由相互关联的众多因素构成的复杂而往往缺少定量数据的系统。层次分析法为这类问题的决策和排序提供了一种简洁而实用的建模方法。

应用层次分析法分析决策问题时，首先要将问题条理化、层次化，构造出一个有层次的结构模型（递阶性层次结构）。在这个模型下，复杂问题被分解成元素或因素的组成部分，这些元素又按其属性及关系形成若干层次，上一层次的元素作为准则对下一层次有关元素起支配作用。递阶性层次结构示意如图 2-5 所示。

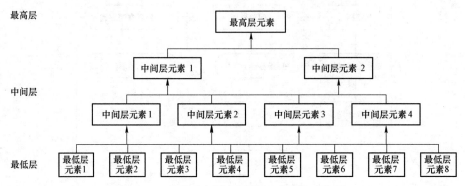

图 2-5　层次分析法递阶性层次结构示意图

递阶性层次结构中的层次可以分为以下三类：

最高层：这一层次中只有一个元素，一般就是分析问题的预定目标或理想结果，因此最高层也称为目标层。

中间层：这一层次中包含了为实现目标所涉及的中间环节，它可以由若干个层次组成，包括所需考虑的准则、子准则，因此中间层也称为准则层。

最低层：这一层次包括了为实现目标可供选择的各类基本元素，因此最低层也称为基本元素层。

递阶层次结构中的层次数与问题的复杂程度及需要分析的详尽程度有关，一般层次数不受限制。

二、配电网的评价指标

1. 配电网评价指标体系

不同阶段配电网评估和不同电压等级配电网评估的评估指标由于评估的对象和目的不同，可能存在一定的差异，但对配电网整体而言，其优劣直接反映在配电网的安全可靠性、经济性、适应性和协调性等方面，如图 2-6 所示。

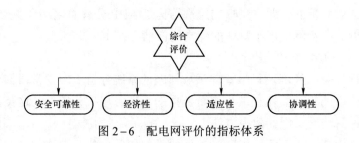

图 2-6　配电网评价的指标体系

（1）供电安全可靠性。供电安全可靠性指配电网的不间断供电能力和从电网结构上对用户供电安全性的保障。在评价配电网供电安全可靠性时，既要分析"$N-1$"能力等基本可靠性指标，也要考虑所有对安全可靠运行产生影响或可能存在隐患的因素。

（2）经济性。经济性评价是保障配电网建设项目决策科学化、减少和避免决策失误、提高项目经济效益的重要手段。

由于配电网规划工作持续时间长，并且涉及诸多使用寿命不同的投资项目，需要对配电网建设和运行中涉及的费用支出和收益等相关内容归类分析。电网经济性主要是从网损率、设备利用率、静态建设经济性和动态建设经济性上分析，详细分析配电网投资在配电网运行和资金流动过程中带来的供电满足程度和经济效益。

（3）适应性。适应性评价是判断配电网是否满足今后的地区发展、负荷发展，其体现配电网不仅能够满足现阶段用户用电需求，而且能够适应负荷发展需要的裕度。

（4）协调性。由于配电网是整体，同一电压等级配电网的局部负载过重或过轻，都会给电网的安全、可靠和经济供电造成巨大影响；不同电压等级配电网之间也需要良好配合，否则网络较弱的配电网将会削弱网络较强的配电网的供电水平，由此提出配电网评估的协调性指标。

根据配电网分析的相关经验可知，在以上四个指标中，配电网供电可靠性和经济性具有决定性作用，因而在评价体系中供电可靠性和经济性作为关键性中间层指标。

2. 配电网的评价指标

按配电网评价指标基本体系结构和不同电压等级配电网的实际情况，提出了不同电压等级配电网评估的评价指标。

根据以配电网规划为核心的研究原则，同时便于实际配电网评估工作、体现评估指标的灵活性和可选择性，将各评价指标分为关键性指标和一般指标。

关键性指标：指与配电网规划存在直接紧密联系的评价指标，应视为配电网评估必选指标（评价指标层次图中以"☆"标示）。

一般指标：指不仅与配电网规划存在联系，还与配电网设备状态等其他方面有关或与配电网规划关系较弱的指标，为配电网评估的可选指标，在具体配电网评估时可根据评估地区的实际情况和评估的需求而定。

此外，受到现状数据条件、计算条件和分析条件的限制，提出的部分评价指标目前无法实施，因而各评价指标又可分为近期可实施指标和目标实施指标。

近期可实施指标：指在现有数据、计算和分析条件下，已可实施评估的指标。

目标实施指标：指目前虽无法实施，但在未来数据、计算和分析条件具备后，即可实施评估的指标。

三、新型城镇化配电网评估指标体系总表

新型城镇化配电网评估将从供电质量、电网结构、供电能力、供电安全、建设资源、电网效率6大类共71项主要指标予以评估。指标体系涵盖了配电网的供电能力、运行水平、装备情况和网架适应性等方面，旨在反应城镇化建设过程中人均电量、负荷密度、供电可靠性、清洁能源的使用等相关需求，如图2-7、表2-7所示。

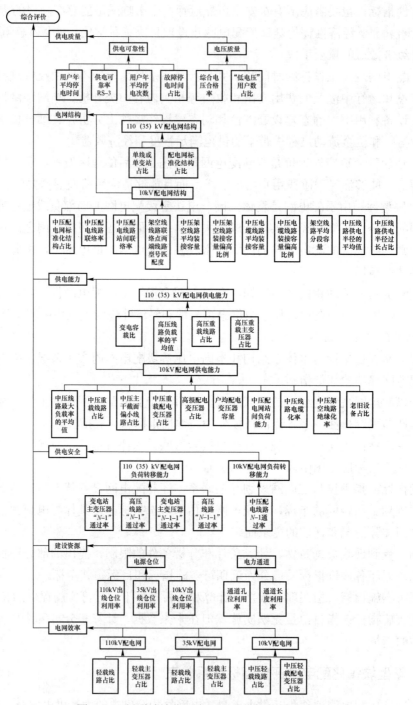

图 2-7　新型城镇化配电网评估指标体系结构图

表 2-7 新型城镇化配电网评估指标体系表

一级指标	二级指标	三级指标	四级指标	指标说明
供电质量	供电可靠性	用户年平均停电时间（可靠率）	—	根据《供电系统用户供电可靠性评价规程》（DL/T 836—2012），该指标用户在统计期间内的平均停电小时数，记作 AIHC-1（h/户）
		供电可靠率 RS-3	—	按《供电系统用户供电可靠性评价规程》规定
		用户年平均停电次数	—	根据《供电系统用户供电可靠性评价规程》（DL/T 836—2012），用户在统计期间内的平均停电次数，记作 AITC-1（次/户）
		故障停电时间占比	—	即统计期间（一年）内，故障停电时间占总停电时间的比重
	电压质量	综合电压合格率	—	根据《电能质量供电电压偏差》（GB/T 12325—2008），电压合格率是实际运行电压偏差在限制范围内累计运行时间与对应的总运行统计时间的百分比
		低电压用户数占比	—	低电压用户数占总用户数的比例
电网结构	110kV 配电网结构	单进线或单主变变电站占比	单进线单主变变电站名称	单线或单变站座数是指某一电压等级仅有单条电源进线的变电站与单台主变压器的变电站座数合计
		配电网标准化结构占比	110kV 线路接线模式	逐回线路统计接线模式，列出与非典型接线模式的线路清单
		110kV 变电站双电源比例	110kV 变电站电源级别	逐站统计变电站进线电源情况，列出非双电源的变电站清单
	35kV 配电网结构	单进线或单主变变电站占比	单进线单主变压器变电站名称	单线或单变站座数是指某一电压等级仅有单条电源进线的变电站与单台主变压器的变电站座数合计
		配电网标准化结构占比	35kV 线路接线模式	逐回线路统计接线模式，列出与非典型接线模式的线路清单
		35kV 变电站双电源比例	35kV 变电站电源级别	逐站统计变电站进线电源情况，列出非双电源的变电站清单
	10kV 配电网结构	中压配电网标准化结构占比	架空线路主干线接线模式	针对变电站供出架空线路的主干线，逐回线路统计接线模式，列出与非典型接线模式的线路清单
			电缆线路主干线接线模式	针对变电站供出电缆线路的主干线，逐回线路统计接线模式，列出与非典型接线模式的线路清单
		中压配电线路联络率	架空线路联络点	针对变电站供出架空线路，逐回线路统计联络点数量，列出无联络点的线路
			架空线路联络电源	针对变电站供出架空线路，逐回线路统计联络点两端线路的电源变电站和母线段，列出变电站同一母线供出架空线路之间的联络点和线路清单
			电缆线路联络点	针对变电站供出电缆线路，逐回线路统计联络点数量，列出无联络点的线路
			电缆线路联络电源	针对变电站供出电缆线路，逐回线路统计联络点两端线路的电源变电站和母线段，列出变电站同一母线供出电缆线路之间的联络点和线路清单
		中压配电线路站间联络率	中压配电线路站间联络	针对变电站供出中压线路，逐回线路统计站间联络点数，以变电站为单位计算站间联络点数占总联络点数的比例，列出比例小于 50% 的变电站清单
		架空线路联络点两端线路型号匹配度	架空线路联络点线路型号匹配的线路清单	统计架空线路联络点两端线路的线型是否匹配、是否与主干线路线型匹配，列出两端线路截面偏小的联络点和线路名称

一级指标	二级指标	三级指标	四级指标	指标说明
电网结构	10kV 配电网结构	中压架空线路平均装接容量	中压架空线路装接容量	针对变电站供出架空线路,逐回线路统计线路所供用户及电业配电变压器总容量,列出容量大于技术原则规定的线路清单
		中压架空线路装接容量偏高比例	装接配电变压器容量偏高线路清单	线路装接容量不宜超过 12 000kVA
		中压电缆线路平均装接容量	中压电缆线路装接容量	针对变电站供出电缆线路,逐回线路统计线路所供用户及电业配电变压器总容量,列出容量大于技术原则规定的线路清单
		中压电缆线路装接容量偏高比例	装接配电变压器容量偏高线路清单	线路装接容量不宜超过 12 000kVA
		架空线路平均分段容量	架空线路分段容量	逐回架空线路统计各分段线路所供容量,列出容量大于技术原则规定的线路分段清单
		架空线路分段不合理占比		分段数在 3~5 视为分段数合理
		中压线路供电半径的平均值	—	所有 10kV 线路供电半径的平均值
		中压线路供电半径过长占比	中压线路供电半径长度	市区、城市郊区、农村供电半径分别超过 3km、5km 和 15km 线路为供电半径过长线路
供电能力	220kV 变电站供电能力	220kV 变电容载比	—	计算变电容载比时,相应电压等级的计算负荷需要从总负荷中扣除上一级电网的直供负荷和该电压等级以下的电厂直供负荷
		220kV 重载主变压器占比	220kV 重载主变压器	逐台统计主变压器最高负载率,列出负载率大于等于 80% 的主变压器清单
	110kV 配电网供电能力	110kV 变电容载比	—	计算变电容载比时,相应电压等级的计算负荷需要从总负荷中扣除上一级电网的直供负荷和该电压等级以下的电厂直供负荷
		110kV 线路负载率的平均值	—	
		110kV 重载线路占比	110kV 重载线路	逐回统计线路最高负载率,列出负载率大于等于 80% 的线路清单
		110kV 重载主变压器占比	110kV 重载主变压器	逐台统计主变压器最高负载率,列出负载率大于等于 80% 的主变压器清单
		110kV 线路站间可转移负荷占比	110kV 线路站间可转移负荷	逐回统计是否具备站间负荷转移能力和转移负荷量,列出无法进行站间负荷转移的线路清单
	35kV 配电网供电能力	35kV 变电容载比	—	计算变电容载比时,相应电压等级的计算负荷需要从总负荷中扣除上一级电网的直供负荷和该电压等级以下的电厂直供负荷
		35kV 线路负载率的平均值	—	
		35kV 重载线路占比	35kV 重载线路	逐回统计线路最高负载率,列出负载率大于等于 80% 的线路清单

一级指标	二级指标	三级指标	四级指标	指标说明
供电能力	35kV 配电网供电能力	35kV 重载主变压器占比	35kV 重载主变压器	逐台统计主变压器最高负载率，列出负载率大于等于 80%的主变压器清单
		35kV 配电网站间负荷能力	35kV 线路站间可转移负荷	逐回线路统计是否具备站间负荷转移能力和转移负荷量，列出无法进行站间负荷转移的线路清单
	10kV 配电网供电能力	中压线路最大负载率的平均值	—	所有 10kV 线路最大负载率的平均值
		中压重载线路占比	中压重载线路	逐回统计线路最高负载率，列出负载率大于等于 80%的线路清单
		中压主干截面偏小线路占比	主干线路偏小导线段	逐回统计主干线路的截面，列出截面偏低或不匹配线路清单
		中压重载配电变压器占比	中压重载配电变压器	逐台统计配电变压器最高负载率，列出负载率大于等于 80%的配电变压器清单
		高损配电变压器占比	高损配电变压器清单	S8（含 S8）及更早期型号的配电变压器台数之和/配电变压器总台数（%）
		户均配电变压器容量	户均配电变压器容量	逐台统计户均配电变压器容量，列出户均配电变压器容量低于相关规定的配电变压器名称
		中压配电网站间负荷能力	中压线路站间可转移负荷	逐回线路统计是否具备站间负荷转移能力和转移负荷量，以变电站为单位，统计可转移负荷量占总负荷的比例，列出可转移负荷比例低于 50%的变电站清单
		中压线路电缆化率		中压公用电缆线路站中压公用线路总长度的比例
		中压架空线路绝缘化率		中压公用架空绝缘线路站中压公用架空线路总长度的比例
		老旧设备占比	老旧设备清单	运行达到或超出设计寿命年限的 80%，且状态评价为异常状态或严重状态的配电设备数量占在运配电设备总数量的比例
供电安全	220kV 变电站	变电站主变压器 "$N-1$" 通过率	220kV 主变压器 "$N-1$" 校验	逐台主变压器校验 "$N-1$"，列出不满足 "$N-1$" 的线路清单
		变电站主变压器 "$N-1-1$" 通过率	220kV 主变压器 "$N-1-1$" 校验	逐台主变压器校验 "$N-1-1$"，列出不满足 "$N-1$" 的线路清单
	110kV 配电网	变电站主变压器 "$N-1$" 通过率	110kV 主变压器 "$N-1$" 校验	逐台主变压器校验 "$N-1$"，列出不满足 "$N-1$" 的线路清单
		变电站线路 "$N-1$" 通过率	110kV 线路 "$N-1$" 校验	逐回线路校验 "$N-1$"，列出不满足 "$N-1$" 的线路清单
		变电站主变压器 "$N-1-1$" 通过率	110kV 主变压器 "$N-1-1$" 校验	逐台主变压器校验 "$N-1-1$"，列出不满足 "$N-1$" 的线路清单
		变电站线路 "$N-1-1$" 通过率	110kV 线路 "$N-1-1$" 校验	逐回线路校验 "$N-1-1$"，列出不满足 "$N-1$" 的线路清单
	35kV 配电网	变电站主变压器 "$N-1$" 通过率	35kV 主变压器 "$N-1$" 校验	逐台主变压器校验 "$N-1$"，列出不满足 "$N-1$" 的线路清单
		变电站线路 "$N-1$" 通过率	35kV 线路 "$N-1$" 校验	逐回线路校验 "$N-1$"，列出不满足 "$N-1$" 的线路清单
		变电站主变压器 "$N-1-1$" 通过率	35kV 主变压器 "$N-1-1$" 校验	逐台主变压器校验 "$N-1-1$"，列出不满足 "$N-1$" 的线路清单

一级指标	二级指标	三级指标	四级指标	指标说明
供电安全	35kV配电网	变电站线路"$N-1-1$"通过率	35kV线路"$N-1-1$"校验	逐回线路校验"$N-1-1$",列出不满足"$N-1$"的线路清单
	10kV配电网	中压配电线路$N-1$通过率	10kV线路"$N-1$"校验	逐回线路校验"$N-1$",列出不满足"$N-1$"的线路清单
建设资源	电源仓位	110kV出线仓位利用率	—	逐个220kV变电站统计110kV出线仓位使用数量,列出仓位使用率大于90%的变电站清单
		110kV出线仓位拼仓率	—	逐个220kV变电站统计110kV出线仓位拼仓数量,列出仓位拼仓率大于30%的变电站清单
		35kV出线仓位利用率	—	逐个220kV变电站统计35kV出线仓位使用数量,列出仓位使用率大于90%的变电站清单
		35kV出线仓位拼仓率	—	逐个220kV变电站统计35kV出线仓位拼仓数量,列出仓位拼仓率大于30%的变电站清单
		10kV出线仓位利用率	—	逐个110(35)kV变电站统计10kV出线仓位使用数量,列出仓位使用率大于90%的变电站清单
		10kV出线仓位拼仓率	—	逐个110(35)kV变电站统计10kV出线仓位拼仓数量,列出仓位拼仓率大于30%的变电站清单
	电缆通道	通道孔位利用率	—	逐个路段统计通道孔位利用数,列出通道孔位利用率大于90%的通道清单
		通道长度利用率	—	逐个路段统计通道利用长度,列出通道长度利用率低于通道孔位利用率30%的通道清单
电网效率	110kV配电网	轻载线路占比	110kV轻载线路	逐回统计线路最高负载率,列出负载率≤20%的线路清单
		轻载主变压器占比	110kV轻载主变压器	逐台统计主变压器最高负载率,列出负载率≤20%的主变压器清单
	35kV配电网	轻载线路占比	35kV轻载线路	逐回统计线路最高负载率,列出负载率≤20%的线路清单
		轻载主变压器占比	35kV轻载主变压器	逐台统计主变压器最高负载率,列出负载率≤20%的主变压器清单
	10kV配电网	中压轻载线路占比	10kV轻载线路	逐回统计线路最高负载率,列出负载率≤20%的线路清单
		中压轻载配电变压器占比	10kV轻载配电变压器	逐台统计配电变压器最高负载率,列出负载率≤20%的配电变压器清单

注 表中内容均出自《供电系统用户供电可靠性评价规程》(DL/T 836—2012)。

四、五类型新型城镇的 KPI 设定

以上配电网各项指标中,一部分指标为通用性的关键指标,即无论属于哪一类城镇,该指标对配电网整体水平影响都有较为重大的影响,需要重点审视。通用性关键指标见表 2-8。

表 2-8   通 用 性 关 键 指 标 表

一级指标	二级指标	三级指标	四级指标
供电质量	供电可靠性	用户年平均停电时间（可靠率）	—
		供电可靠率 RS-3	—
		用户年平均停电次数	—
		故障停电时间占比	—
	电压质量	综合电压合格率	—
电网结构	110kV 配电网结构	单进线或单主变电站占比	单进线单主变电的变电站名称
		配电网标准化结构占比	110kV 线路接线模式
		110kV 变电站双电源比例	110kV 变电站电源级别
	35kV 配电网结构	单进线或单主变电站占比	单进线单主变电的变电站名称
		配电网标准化结构占比	35kV 线路接线模式
		35kV 变电站双电源比例	35kV 变电站电源级别
	10kV 配电网结构	中压配电线路联络率	架空线路联络点
			架空线路联络电源
			电缆线路联络点
			电缆线路联络电源
		中压配电线路站间联络率	中压配电线路站间联络
		架空线路联络点两端线路型号匹配度	架空线路联络点线路型号匹配的线路清单
		中压线路供电半径的平均值	
		中压线路供电半径过长占比	中压线路供电半径长度
供电能力	110kV 配电网供电能力	110kV 变电容载比	—
		110kV 线路负载率的平均值	—
		110kV 重载线路占比	110kV 重载线路
		110kV 重载主变压器占比	110kV 重载主变压器
		110kV 线路站间可转移负荷占比	110kV 线路站间可转移负荷
	35kV 配电网供电能力	35kV 变电容载比	—
		35kV 线路负载率的平均值	—
		35kV 重载线路占比	35kV 重载线路
		35kV 重载主变压器占比	35kV 重载主变压器
		35kV 配电网站间负荷能力	35kV 线路站间可转移负荷
	10kV 配电网供电能力	中压线路最大负载率的平均值	
		中压重载线路占比	中压重载线路
		中压主干线截面偏小线路占比	主干线截面偏小导线段
		户均配变容量	户均配变压器容量
供电安全	110kV 配电网	变电站主变压器"N-1"通过率	110kV 主变压器"N-1"校验
		变电站线路"N-1"通过率	110kV 线路"N-1"校验
	35kV 配电网	变电站主变压器"N-1"通过率	35kV 主变压器"N-1"校验
		变电站线路"N-1"通过率	35kV 线路"N-1"校验
建设资源	电源仓位	10kV 出线仓位利用率	—

由于不同地区的城市发展定位，以及开发程度不同，不同区域的配电网建设重点也不尽相同。因而不同地区的配电网建设应有相应的侧重点，其重点关注的电网指标也有一定区别。根据不同类型的新型城镇定位，除通用性关键指标之外，另对五类新型城镇的 KPI 指标选取见表 2-9～表 2-12。

表 2-9　　　　　　　　　　　　　　工业主导型城镇 KPI 指标表

一级指标	二级指标	三级指标	四级指标
电网结构	10kV 配电网结构	中压配电网标准化结构占比	架空线路主干线接线模式
		中压架空线路平均装接容量	中压架空线路装接容量
		中压架空线路装接容量偏高比例	装接配电变压器容量偏高线路清单
		架空线路平均分段容量	架空线路分段容量
		架空线路分段不合理占比	—
供电能力	10kV 配电网供电能力	中压配电网站间负荷能力	中压线路站间可转移负荷
		中压架空线路绝缘化率	—
供电安全	10kV 配电网可靠性	中压配电线路"$N-1$"通过率	10kV 线路"$N-1$"校验

表 2-10　　　　　　　　　　　　　　商业贸易型城镇 KPI 指标表

一级指标	二级指标	三级指标	四级指标
电网结构	10kV 配电网结构	中压配电网标准化结构占比	电缆线路主干线接线模式
		中压电缆线路平均装接容量	中压电缆线路装接容量
		中压电缆线路装接容量偏高比例	装接配电变压器容量偏高线路清单
供电能力	10kV 配电网供电能力	中压重载配电变压器占比	中压重载配电变压器清单
		中压配电网站间负荷能力	中压线路站间可转移负荷
		中压线路电缆化率	—
		老旧设备占比	老旧设备清单
供电安全	10kV 配电网可靠性	中压配电线路"$N-1$"通过率	10kV 线路"$N-1$"校验

表 2-11　　　　　　　　　　　　　　旅游开发型城镇 KPI 指标表

一级指标	二级指标	三级指标	四级指标
供电质量	电压质量	"低电压"用户数占比	—
电网结构	10kV 配电网结构	中压配电网标准化结构占比	电缆线路主干线接线模式
		中压电缆线路平均装接容量	中压电缆线路装接容量
		中压电缆线路装接容量偏高比例	装接配电变压器容量偏高线路清单
供电能力	10kV 配电网供电能力	中压重载配电变压器占比	中压重载配电变压器清单
		中压配电网站间负荷能力	中压线路站间可转移负荷
		中压线路电缆化率	—
供电安全	10kV 配电网可靠性	中压配电线路"$N-1$"通过率	10kV 线路"$N-1$"校验

特色农业型城镇 KPI 指标表

一级指标	二级指标	三级指标	四级指标
供电质量	电压质量	"低电压"用户数占比	—
电网结构	10kV 配电网结构	中压配电网标准化结构占比	架空线路主干线接线模式
		中压架空线路平均装接容量	中压架空线路装接容量
		中压架空线路装接容量偏高比例	装接配电变压器容量偏高线路清单
		架空线路平均分段容量	架空线路分段容量
		架空线路分段不合理占比	—
供电能力	10kV 配电网供电能力	高损配电变压器占比	高损配电变压器清单
		中压架空线路绝缘化率	—

第四节　新型城镇化配电网综合评估方法

（1）根据所评价区域定位，确定其城镇类别，如工业主导型（GY）、商业贸易型（SY）、旅游开发型（LY）、特色农业型（NY）或综合型（ZH）。

（2）考虑各阶段、各评估区域配电网发展水平的差异性，给出相应指标的计算方法和指标权重。

（3）根据指标计算方法算出各项指标值，根据评分标准及指标权重计算各一级指标的评价得分 X_i，根据各一级指标对应的权重 C_i，最终获得电网建设改造效果评价得分 G_d：

$$G_d = \sum_{i=0}^{n} X_i \times C_i$$

（4）针对不同区域定位，对得分结果进行分析和评价，指出影响得分的主要因素，分析配电网薄弱环节产生的原因。

（5）针对配电网现状薄弱环节和今后建设面临的问题，提出相应的改造建议。

第五节　实　例　分　析

一、典型实例区域电网概况

1. 高压电网

典型实例区域高压电网由 220kV、110kV 以及 35kV 三个电压等级构成。到 2016 年年底，典型实例区域有 220kV 变电站 1 座，主变压器 2 台，容量 300MVA；110kV 变电站 2 座，主变压器 4 台，容量 200MVA；35kV 变电站 1 座，主变压器 2 台，容量 32MVA，见表 2−13。

表 2-13   典型实例区域高压电网基本情况统计表

	指标名称	单位	典型实例区域指标
220kV 电网	220kV 公用变电站数量	座	1
	220kV 公用主变压器台数	台	2
	220kV 公用变电容量	MVA	300
110kV 电网	110kV 公用变电站数量	座	2
	110kV 公用主变压器台数	台	4
	110kV 公用变电站容量	MVA	200
35kV 电网	35kV 公用变电站数量	座	1
	35kV 公用主变压器台数	台	2
	35kV 公用变电站容量	MVA	32

2. 中压配电网

典型实例区域共有 10kV 公用线路 34 回,公用线路总长 210.93km,电缆线路总长 74.29km,架空线路总长 136.64km;10kV 配电变压器共 759 台,配电变压器总容量为 35 2541kVA,其中公用配电变压器 423 台,配电变压器容量为 214 241kVA,专用配电变压器 336 台,配电变压器容量为 138 300kVA;环网单元座 66 座;配电室 62 座;柱上开关 131 台,见表 2-14。

表 2-14   典型实例区域中压配电网基本情况统计表

典型实例区域		指标值
10kV 公用馈线(回)		34
全线长度	电缆(km)	74.29
	架空裸导线(km)	114.85
	架空绝缘线(km)	21.79
	合计(km)	210.93
主干线长度	电缆(km)	14.18
	架空裸导线(km)	70.33
	架空绝缘线(km)	10.08
	合计(km)	94.59
公用配电变压器	台数(台)	423
	容量(kVA)	214 241
专用配电变压器	台数(台)	336
	容量(kVA)	138 300
配电变压器总数	台数(台)	759
	容量(kVA)	352 541
环网单元(座)		66
配电室(座)		62
柱上开关(台)		131

二、配电网运行水平和供电能力评估

(一) 配电网运行水平和供电能力评分

1. 评估得分

评估得分如表 2-15 所示。

表 2-15　　典型实例区域中压配电网运行水平和供电能力分析得分表

综合指标			典型实例区域	
			指标	指标得分
运行水平		运行水平		66.9
	装备水平	装备水平		15.3
		线路绝缘化率 (%)	45.55	36.4
		架空线路绝缘化率 (%)	15.96	16.0
		高损耗配电变压器比例 (%)	0	100.0
		节能型配电变压器比例 (%)	18.44	100.0
		主干线截面不合格比例 (%)	26.47	0.0
		配电自动化终端覆盖 (%)	45.16	90.3
	技术水平	技术水平	5	33.0
		10kV 出线间隔使用率 (%)	66.67	80.0
		架空线路故障停电率 [次/(百公里·年)]	12.72	51.0
		电缆线路故障停电率 [次/(百公里·年)]	4.13	72.5
		配电变压器故障停电率 [次/(百公里·年)]	0	100.0
		开关设备故障停电率 [次/(百公里·年)]	1.56	26.4
		外力破坏造成故障停电比例 (%)	0	100.0
		超过载造成的故障比例 (%)	0	100.0
		供电半径超标比例 (%)	52.94	0.0
		装接配电变压器容量偏高的线路比例 (%)	38.24	4.4
	综合指标	综合指标	5	18.6
		供电可靠率 RS-1 (%)	99.9734	93.3
		供电可靠率 RS-3 (%)	99.9734	93.3
		D 类电压合格率 (%)	99.51	93.0
		综合线损率 (%)	3.42	100.0
		重复计划停电用户率 (%)	9.57	87.3
		带电作业比重	68.99	90.0

综合指标			典型实例区域	
			指标	指标得分
供电能力	负载能力	供电能力	5	51.7
		负载能力	5	24.3
		110/35kV 容载比	3.25	67.5
		110/35kV 变电站重载比例（%）	33.33	0.0
		中压线路重载比例（%）	26.47	54.1
		中压配电变压器重载比例（%）	10.17	49.2
		投运 3 年内配变重载比例（%）	1.65	93.4
		投运 5 年内线路重载比例（%）	0	100.0
	转供能力	转供能力	5	27.5
		最大负荷下变电站"N-1"通过比例（%）	66.67	73.3
		正常负荷下变电站"N-1"通过比例（%）	66.67	45.3
		线路"N-1"通过率（%）	79.41	55.6
		组网方式匹配性（%）	58.82	47.1
		与不同变电站联络线路比例（%）	58.82	39.2

2. 综合评分结果分析

本节主要内容为结合前文打分结果，以图表形式，分析各项综合得分结果，如图 2-8 所示。

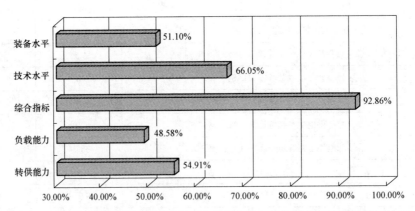

图 2-8　典型实例区域中压配电网运行水平和供电能力评分得分率结果示意图

典型实例区域配电网的运行水平得分为 66.9 分，供电能力 51.7 分。

（二）运行水平评分结果分析

评估打分原则：运行水平总分 100 分，其中"综合指标"20 分，装备水平 30 分、

技术水平 50 分。运行水平评估结论分为"高""较高"和"一般"三级。得分率在 90%
以上的评估结果为"高";得分率在 70%～90% 的评估结果为"较高";得分率在 70% 以
下的评估结果为"一般",如表 2-16 所示。

典型实例区域配电网运行水平和供电能力综合得分为 59.3 分,其中运行水平得分为
66.9 分,处于"一般"水平级;供电能力 51.71 分,处于"一般"水平级。

表 2-16　　　　　　　　典型实例区域中压配电网运行水平评估结果

区域	综合指标			装备水平指标			技术水平指标		
	得分	得分率	所处水平级	得分	得分率	所处水平级	得分	得分率	所处水平级
典型实例区域	18.57	92.86%	高	15.33	51.10%	一般	33.02	66.05%	一般

影响运行水平的主要因素有以下几方面。

(1) 线路绝缘化率和架空线路绝缘化率较低,线路绝缘化率为 45.55%,架空绝缘化
率线路为 15.96%;

(2) 主干截面偏小,主干截面不合格比例达到 26.47%;

(3) 节能型配电变压器比例低,节能型配电变压器比例为 18.44%;

(4) 线路故障率较高,由于典型实例区域有部分山区、雷区,此外毛竹倒线的情况
也较高。

由以上指标分析可以看出,典型实例区域配电网的运行水平指标中,综合指标和技
术水平指标都处于较高水平,但装备水平低,应逐年提高绝缘化率,增大导线截面,使
用节能型配电变压器,加快配电自动化建设,增加变电站布点及中压线路出线,降低中
压线路供电半径。

(三) 供电能力评分水平分析

评估打分原则:供电能力总分 100 分,其中"负载能力"50 分,"转供能力"50 分。
供电能力评估结论分为:"强""较强"和"一般"三级。得分率在 90% 以上的评估结果
为"强";得分率在 70%～90% 的评估结果为"较强";得分率在 70% 以下的评估结果为
"一般"。典型实例区域中压配电网供电能力评估结果如表 2-17 所示。

表 2-17　　　　　　　　典型实例区域中压配电网供电能力评估结果

区域	负载能力			转供能力		
	得分	得分率	所处水平级	得分	得分率	所处水平级
典型实例区域	24.29	48.58%	一般	27.45	54.91%	一般

影响供电能力水平的主要因素有以下几方面。

(1) 中压线路重载比例相对偏高,其中典型实例区域中压线路重载比例为 26.47%。

(2) 典型实例区域在最大负荷和正常负荷下变电站"$N-1$"通过率为 66.67%。

（3）中压线路"$N-1$"通过率偏低，通过率为79.41%。

（4）与不同变电站联络线路比例偏低，为58.82%。

典型实例区域中压配网整体供电能力水平处于一般级别。重载运行的中压线路较多，需逐步进行整改；单辐射线路较多，与不同变电站联络线路比例较低，"$N-1$"通过率较低，辐射线路需尽快进行联络。

三、结论与建议

（一）现状电网存在的问题

1. 供电能力

（1）部分主变压器重载运行。

（2）部分线路长期重载运行。

（3）存在单出线单变变电站。

（4）变电站主变压器"$N-1$"校验通过率较低。

（5）单条线路平均挂接配电变压器容量过大。

（6）主干线截面较小。

（7）10kV线路"$N-1$"校验通过率较低。

（8）电压合格率偏低。

2. 电网结构

（1）可用间隔少。

（2）偏远地区电源点稀缺，普遍存在台区低电压、用户低电压现象。

3. 电网设备

部分10kV电网部分线路供电半径较长。

（二）建议

1. 高压配电网

（1）对于主变压器投运年限较长的变电站，应尽快进行主变压器更换改造。

（2）对于现状存在的单主变压器或单线运行的变电站，应尽快扩建第二台主变压器，并完善接入系统方式。

（3）对于现状存在的重载运行、负载较高以及主变压器"$N-1$"不能通过的变电站，可考虑调剂大容量主变压器，增加主变压器"$N-1$"通过率。

（4）加强电网科学合理调度，充分利用地方小水电资源优势，留足最后一库水，缓解大网供电压力，为大网分忧解难；有序调度枯水期有限的水资源，增强小水电顶峰能力，充分利用调荷库容，最大限度缓和供用电矛盾。

2. 中压配电网

（1）对于现状存在的部分主干线截面偏小的线路，应尽快进行更换改造，以提高运行经济性，加强环网供电能力。

（2）加大节能型配电变压器的使用。

（3）使用具有"二遥"或"三遥"功能的开关，为实施配电自动化做准备。

（4）对县城区及乡镇中心线路进行绝缘化改造。

（5）进一步加强对小水电管理，确保小水电在丰水期以高力率运行，同时考虑使用新技术、新设备，例如 10kV 馈线双向自动调压装置、移动式无功补偿装置，进一步改善电压质量。

（6）对负荷多变台区的原有变压器进行改装，加装有载调压在线滤油装置进行自动调节。

3. 现状网架的改善

（1）对于现状城区存在单辐射的线路，应尽可能地实现环网，加强供电可靠性。

（2）对于现有的已经实现环网的线路，但是由于部分线路负载率较高或者导线截面过小的而不能通过"$N-1$"校验的，也应采取有效措施，提高导线截面。

（3）对于现状负载较高的线路，在进行网架改造的同时，应综合线路的实际情况，通过分流、改接等措施，使线路配置达到合理的水平。

（4）对于部分主干线长度过长的线路，可通过变电站新出线路等措施，缩短中压线路的供电距离。

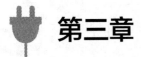

第三章

新型城镇化配电网负荷预测

第一节 概 述

一、工作内容

电力负荷预测是在正确的理论指导下，在调查研究掌握翔实资料的基础上，运用可靠和适合发展规律的科学方法，选用符合实际的科学参数，以现状水平年为基础，对电力负荷的发展趋势做出科学合理的推断。

负荷预测是电力系统调度、实时控制、运行计划和发展规划的前提，是一个电网调度部门和规划部门所必须具有的基本信息。提高负荷预测技术水平，有利于计划用电管理，有利于合理安排电网运行方式和机组检修计划，有利于节煤、节油和降低发电成本，有利于制订合理的电源建设规划，有利于提高电力系统的经济效益和社会效益。

二、工作深度要求

为满足配电网规划需求，负荷预测应尽量准确，切合实际。空间上，涵盖整个规划区范围，细化到每个地块，每一类用地性质；时间上，得出远景负荷的同时，预测近期负荷逐年增长情况，以便指导近期电网的建设。

三、工作流程

新型城镇化配电网负荷预测工作可参照以下基本程序开展：

（1）工作目标确认：负荷预测工作首先要确定本次负荷预测工作目标。

（2）资料收集：资料收集工作包括资料选择、收集和整理分析，资料收集情况决定了预测的适用方法和预测的结果质量。

（3）方法选取和工作开展：根据确认的负荷预测目标与收集的资料，选取适当的负荷预测方法，不同的负荷预测工作应选用相应的预测方法。对于每项预测内容，预测方法应至少选取两种常规预测方法和两种数学模型法，并对多种预测方法所得的预测结果进行校核。

（4）结果确定：负荷预测结果可通过电力供需平衡法、专家预测法或综合加权法等进行确定。负荷预测结果一般应给出高、中、低或高、低方案，并结合预测范围的实际情况确定推荐方案，最后完成负荷预测空间分布，以及近期负荷预测结果。

（5）空间负荷预测的配电网设备映射：根据负荷预测结果的空间分布，为实现地区供电需求，预估地区配电网设备具体规模，如图3-1所示。

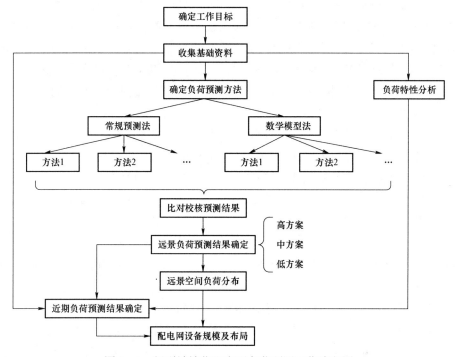

图3-1　新型城镇化配电网负荷预测工作流程图

（一）确定工作目标

1. 预测年限

（1）五年电网规划负荷预测须确定规划的基准年、目标年和远景年。

（2）春季电力市场需求分析及预测年限为当年。

（3）迎峰度夏负荷分析及预测年限为下一年和下两年。

（4）小区规划负荷预测年限应参考地区发展规划确定。

2. 预测内容

（1）五年电网规划负荷预测内容为用电量、最高负荷和负荷特性。

（2）春季电力市场分析及预测内容为用电量和最高负荷。

（3）迎峰度夏负荷分析及预测内容为最高负荷。

（4）小区规划负荷预测内容为最高负荷。

（二）收集资料

收集资料是负荷预测的基础工作，也叫收资。进行资料收集须采用合理、可行的方法和流程，并对资料进行整理分析，在此基础上逐步建立和完善资料库。

1. 收资方法

收资方法主要有两种：一是进行文案调查，收集整理现有资料；二是进行市场调查，形成电力市场调查报告。

（1）文案调查就是查找和收集与负荷预测相关的现有资料。充分利用现有的统计年鉴、年报、统计资料汇编等，联系相关单位对资料进行收集、整理和分析。收资人员可从公司内部相关部门收集负荷、电量和用户等负荷资料；也可以从公司外部如政府、规划局、统计局和气象局等部门收集城市规划、统计年鉴和气象数据等其他资料。

（2）市场调查是对全体进行抽样或者全体调查得到调查报告。常用调查方式可分为抽样调查和典型调查。

抽样调查：从市场母体中抽取一部分子体作为样本进行调查，样本可更换也可固定，然后根据样本信息，推算市场总体情况。居民生活用电情况宜采用抽样调查方式。

典型调查：选择一些具有典型意义或代表性的对象作为典型样本进行专门调查，然后根据典型样本信息，推算同类型对象的情况。行业、工厂和办公楼用电调查宜采用典型调查方式。

2. 收资流程

负荷预测工作收资流程可分四步进行，即准备阶段、收集阶段、分析阶段和总结阶段。

（1）准备阶段：根据负荷预测目标，提出需要收资的内容和收资的范围；落实资料来源，确认收集途径；设计收资表格和问卷表格，安排收资人员和费用配备等。

（2）收集阶段：进行文件资料收集或通过计算机软件系统采集数据；进行调查研究，记录调研信息。

（3）分析阶段：对收集的资料进行整理、校核和分析，提交收资分析结果。

（4）总结阶段：对收资分析结果进行审核，编写收资报告，给出收资调研的结果及相关结论和建议。

（三）负荷预测方法的选取

负荷预测方法的选取依赖于区域定位、开发程度以及收集到的资料类型及详细程度等因素，预测方法有以下几种：

1. 常规负荷预测方法

（1）电力消费弹性系数法。电力消费弹性系数是指一定时期内用电量年均增长率与国民生产总值年均增长率的比值。电力消费弹性系数法是根据预测年限内的国民生产总值与电力消费弹性系数推算用电量，计算公式为：

$$A=A_0(1+bI)^n$$

式中　　A——目标年用电量；

　　　A_0——当前年用电量；

　　　b——电力消费弹性系数，b=用电量年均增长率/国民生产总值年均增长率；

I——目标年国民生产总值增长率，%；

n——年数。

电力消费弹性系数法通常用以预测用电量。

（2）产值单耗法。产值单耗是国民生产总值与用电量的比值。产值单耗法是根据预测年限内国民生产总值与产值单耗推算用电量，计算公式为：

$$A=BG$$

式中　A——用电量；

　　　B——预测年产值；

　　　G——产值单耗。

产值单耗法通常用以预测用电量。

（3）分部门预测法。全社会用电量可按产业分为第一产业、第二产业、第三产业与城乡居民用电四大类，也可按行业分为九大类，分部门预测法是对各产业或各行业用电量分别进行预测，再进行叠加得到全社会用电量的方法，计算公式为：

$$A=A_1+A_2+A_3+A_{城乡居民}，或 A=B_1+B_2+\cdots+B_8+B_{城乡居民}$$

式中　A_1，A_2，A_3，$A_{城乡居民}$——第一、第二、第三产业与城乡居民用电量；

　　　B_1，B_2，…，B_8，$B_{城乡居民}$——农业、林业、牧业、渔业、制造业等八大部门和城乡居民用电量。

全社会用电量除按产业与行业划分外也可以有其他划分方式，分部门预测法通常用以预测用电量。

（4）人均电量法。人均电量是用电量与用电人口的比值。人均电量法是根据预测年限内的人均电量与用电人口推算用电量，计算公式为：

$$A=EL$$

式中　A——用电量；

　　　E——人均电量；

　　　L——用电人口，一般指常住人口。

人均电量法通常用以预测用电量。

（5）需用系数法。需用系数是最高负荷与装接容量的比值。需用系数法是根据需用系数与装接容量推算最高负荷，计算公式为：

$$P=K_d S$$

式中　P——最高负荷；

　　　K_d——需用系数；

　　　S——装接容量。

需要系数法通常用以预测最高负荷。

（6）业扩工询法。业扩工询法是在地区最高负荷的基础上，结合业扩工询推算地区最高负荷的方法，计算公式为：

$$P_m = P_0(1+K\%)^m + \left[\sum_{n=1}^{n}(S_n K_d)\eta_d\right]\eta$$

式中　P_m——预测目标年最高负荷，预测下一年时 $m=1$，预测下两年时 $m=2$，以此类推；

　　　　P_0——当年基准年最高负荷；

　　　　K——最高负荷的自然增长率；

　　　　S_n——第 n 个新增用户的装接容量；

　　　　K_d——第 n 个新增用户所对应的 d 行业需用系数；

　　　　η_d——d 行业的同时率；

　　　　η——各行业之间的同时率。

业扩工询法通常用以预测最高负荷。

（7）负荷结构法。负荷结构法是将负荷分成 N 个部分，对每部分负荷进行预测，再推算总负荷的方法。

根据如今浙江地区城镇电网负荷特点，可将其分为两部分，一是基础负荷，二是空调负荷；估算每种负荷的增长情况，再推算总负荷。

$$P = P_{基础负荷} K_{基础负荷} + P_{空调负荷} K_{空调负荷}$$

式中　P——最高负荷；

　　$P_{基础负荷}$——基础负荷；

　　$K_{基础负荷}$——基础负荷增长率；

　　$P_{空调负荷}$——空调负荷；

　　$K_{空调负荷}$——空调负荷增长率。

空调负荷的计算方法和收资表参考附录 C。负荷结构法通常用以预测最高负荷。

（8）负荷密度（指标）法。负荷密度（指标）是最高负荷与用地面积（建筑面积）的比值。负荷密度法（指标）是根据预测年限内负荷密度与用地面积（建筑面积）推算最高负荷。负荷密度（指标）可通过类比国内或国外相同性质用地进行取值。负荷密度（指标）的取值可参考附录 D。计算公式为

$$P = DS$$

式中　P——最高负荷；

　　　D——负荷密度（指标）；

　　　S——用地面积（建筑面积）。

负荷密度（指标）法通常用以预测最高负荷。

（9）负荷功能块法。负荷功能块法是对每个功能块的最高负荷进行预测，再推算总负荷的方法，计算公式为

$$P = \sum_{i=1}^{n} P_i \eta$$

式中　P——最高负荷；

　　　P_i——功能块最高负荷；

　　　η——同时率。

负荷功能块法通常用以预测最高负荷。

（10）电力供需平衡法。电力供需平衡法是通过电力（电网）供电能力和电力需求（最高负荷）相互校核平衡以得到合理预测结果的预测方法。通常用以检验最高负荷的预测结果。

（11）专家预测法。专家预测法是依据专家的经验、智慧和信息对预测值进行甄别取舍，给出合适的推荐结果，通常用以检验用电量和最高负荷的预测结果。

（12）综合加权法。综合加权法是对多种预测方法所得的结果进行趋势可能性分析，对于不同可能性的结果取不同的权重，以加权修正后的值作为推荐结果，通常用以推荐用电量和最高负荷的预测结果。

2. 数学模型法

（1）趋势外推法。趋势外推法是根据历史用电量（最高负荷）的变化趋势，外推未来发展情况。变化趋势可分为水平趋势、线性趋势、增长趋势和季节性趋势等。

水平趋势：假设收集到的 T 期数据 x_1，x_2，$\cdots$，x_t 具有水平趋势，其散点图表现为在一条水平直线上下随机波动，预测 x_{t+1}，x_{t+2}，$\cdots$也在这条水平线上波动。

计算公式为

$$\lambda_t = \frac{1}{t}\sum_{k=1}^{t} x_k \, (x_{t+1} = \lambda_t)$$

式中　λ_t——预测值；

　　　x_k——k 期的用电量（最高负荷）。

线性趋势：假设收集到的历史数据序列 x_1，x_2，$\cdots$，x_t 具有线性趋势，通过 x_1，x_2，$\cdots$，x_t 得到趋势参数，推算 x_{t+1} 预测值。

计算公式为

$$x_{t+1} = a_t + b_t, \quad t = 1,\ 2,\ \cdots$$

式中　x_{t+1}——预测值；

　　　a_t，b_t——t 期线性趋势参数。

增长趋势：一般而言用电量（最高负荷）具有随年度递增的变化趋势，可通过增长趋势的数学模型预测未来用电量（最高负荷）。增长趋势的数学模型有指数曲线递增和非齐次指数递增等。

指数曲线递增是 x_1，x_2，$\cdots$，x_t 具有指数增长的趋势，计算公式为

$$x_t = ae^{bt} \ (a > 0, b > 0)$$

式中　x_t——预测值；

　　　a，b——t 时期指数曲线趋势参数。

非齐次指数递增是 x_1，x_2，$\cdots$，x_t 具有非齐次指数递增的趋势，计算公式为

$$x_t = c + ae^{bt} \ (a > 0, b > 0)$$

$$x_t = c + ae^{bt} \ (a > 0, b > 0)$$

式中　x_t——预测值；

　　　c, a, b——t 期非齐次指数趋势参数。

负荷随时间变化的过程中，存在着以年度为周期的季节性变化，负荷预测工作中应考虑季节性因素的影响。

趋势外推法通常用以预测用电量和最高负荷。

（2）线性回归法。线性回归法是根据历史用电量（最高负荷）资料，建立回归模型，对预测年限内的用电量（最高负荷）进行预测。常用的回归模型为一元线性回归模型，即将时间作为自变量，预测年限内用电量（最高负荷）作为因变量，线性回归模型公式为

$$y = a + bx + \varepsilon$$

式中　y——预测值；

　　　x——年数；

　　　a, b——由 ε 为随机误差资料确定的回归模型系数；

　　　ε——随机误差。

线性回归法通常用以预测用电量和最高负荷。

第二节　新型城镇化配电网负荷特性指标及其计算分析

一、负荷特性指标的定义

1. 负荷值

（1）日最大负荷：典型日中记录的负荷中，数值最大的一个。

（2）日平均负荷：日电量除以 24。

2. 负荷率

（1）日负荷率：日平均负荷与日最大负荷的比值。

（2）日最小负荷率：一般取月最大负荷日的最小负荷与最大负荷的比值。

（3）年平均日负荷率：一年内 12 个月各月最大负荷日的平均负荷之和与各月最大负荷之和的比值。

（4）年平均日最小负荷率：一年内 12 个月各月最大负荷日的最小负荷之和与各月最大负荷日之和的比值。

（5）年负荷率：年平均负荷与年最大负荷的比值。

3. 相关系数

（1）月不均衡系数：指月的平均负荷与该月内最大负荷日平均负荷的比值。

（2）最大负荷利用小时数：年用电量与年最大负荷的比值。

4. 峰谷差

（1）日峰谷差：日最大负荷与最小负荷之差。

（2）日峰谷差率：日最大负荷与最小负荷之差与日最大负荷的比值。

（3）年最大峰谷差：一年中日峰谷差的最大值。

（4）年平均峰谷差：一年中峰谷差的平均值。

（5）年平均峰谷差率：一年中峰谷差率的平均值。

5. 负荷曲线

（1）（典型）日负荷曲线：（典型日）按一天中逐小时负荷变化绘制的曲线。

（2）年负荷曲线：按一年中逐月最大负荷绘制的曲线。

（3）年持续负荷曲线：按一年中系统负荷的数值大小及其持续小时数顺序绘制的曲线。

二、负荷特性指标分析的内容和意义

电力负荷特性指标是电网对电力负荷曲线的描述，它可以反映电网生产运行等方面的诸多特征，也可以反映电网符合所呈现出来的数量特征及其变化规律。随着地区经济发展，用电器数量和容量不断增加，成分的变化使得不同用地性质的区域电网呈现出更加多元化个性化的负荷特性。

所以分析电力负荷曲线的变动规律即各类用电负荷的特性，可以提高电网供电的安全性和可靠性。通过对负荷特性指标数据的进一步研究还可以挖掘出隐藏在指标间的内在规律，以优化电网投资结构，提高经济效益和社会效益，给电力系统负荷预测和规划、电网稳定运行移动相应的参考依据。

三、负荷特性指标分析的方法

负荷特性指标分析方法是科学认识电力负荷特性，把握负荷特性与其影响因素的关系，高精度地预测电力负荷特性，以及探索负荷特性内在变化规律与发展趋势的重要工具，对电力市场安全经济的稳定运行、科学地制定电力系统规划、提高电力系统的经济与社会效益等具有直接的现实指导意义。下面介绍常见的负荷特性指标分析方法。

1. 负荷曲线法

负荷曲线是一个地区负荷信息最直观的体现，负荷曲线法是最先兴起的负荷特性分析方法，而负荷特性指标是对负荷曲线的进一步描述，包括比较类指标、描述类指标与曲线类指标。

2. 专家经验法、相关性分析法

这是比较传统的负荷特性分析方法，主要依靠专家们的实践经验或是通过简单的负荷特性指标数据之间相关性分析确定负荷特性曲线的大致走向，包括分析负荷特性曲线受时间、气候与经济等因素的大致影响趋势及负荷特性指标受外在因素的影响。此类方法的准确性相对较低。

3. 回归分析法、时间序列法、主成分分析法、因子分析法、灰色模型法

此类方法都是通过利用已有的负荷样本数据，构建相应的分析模型，原理比较简单，运算速度快，且准确性相对较高，但它不适宜于用于存在诸如气象条件等偶然性较大且波动性较强因素时的统计分析，统计分析时因数据扰动引起的干扰较为明显。

4. 人工神经网络、模糊预测法等人工智能分析方法

此类方法是近些年新兴的负荷特性分析方法。这些方法与相关、回归等分析方法相

比，在计算、记忆、复杂映射、智能处理等方面更具有优势，在处理气象等不确定因素时比传统方法更加准确，对随机扰动处理较为合理，让负荷特性分析更加准确，同时也为提高负荷预测的准确性构筑了良好的基础。

第三节 新型城镇化配电网精细化空间负荷预测方法

一、负荷密度指标法

负荷密度指标法一般先按照用地布局规划把负荷分为居住、商业、商务、医疗、市政等不同负荷性质，结合用地信息计算每个区域的负荷值与负荷密度。

二、负荷密度指标的选取

空间负荷密度指标主要参照国家电网北京经济技术研究院编写的《配电网规划设计手册》中基于历史年典型用户最高负荷日实测统计所得出的各类用地负荷密度指标，并结合当地经济社会发展情况和地理环境、经济结构等因素综合，对手册中负荷密度推荐数值进行计算、校验和修正，从而得出适用于典型实例区域空间负荷预测的负荷密度指标体系样例，见表 3-1。

表 3-1　　　　　　　　典型实例区域最终负荷密度指标及需用系数选取

用地名称		负荷密度（MW/km²）			负荷指标（W/m²）			需用系数
		低方案	中方案	高方案	低方案	中方案	高方案	
R	R1	一类居住用地	—	—	—	25	30	35	0.5
	R2	二类居住用地	—	—	—	15	20	25	0.5
	R3	三类居住用地	—	—	—	10	12	15	0.5
A	A1	行政办公用地	—	—	—	35	45	55	0.8
	A2	文化设施用地	—	—	—	40	50	55	0.8
	A3	教育用地	—	—	—	20	30	40	0.8
	A4	体育用地	—	—	—	20	30	40	0.8
	A5	医疗卫生用地	—	—	—	40	45	50	0.8
	A6	社会福利设施用地	—	—	—	25	35	45	0.8
	A7	文物古迹用地	—	—	—	25	35	45	0.8
	A8	外事用地	—	—	—	25	35	45	0.8
	A9	宗教设施用地	—	—	—	25	35	45	0.8
B	B1	商业设施用地	—	—	—	50	70	85	0.25
	B2	商务设施用地	—	—	—	50	70	85	0.25
	B3	娱乐康体用地	—	—	—	50	70	85	0.25
	B4	公用设施营业网点用地	—	—	—	25	35	45	0.25
	B9	其他服务设施用地	—	—	—	25	35	45	0.25

用地名称			负荷密度（MW/km²）			负荷指标（W/m²）			需用系数
			低方案	中方案	高方案	低方案	中方案	高方案	
M	M1	一类工业用地	45	55	70	—	—	—	0.5
	M2	二类工业用地	40	50	60	—	—	—	0.6
W	W1	一类物流仓储用地	5	12	20	—	—	—	0.5
	W2	二类物流仓储用地	5	12	20	—	—	—	0.5
	W3	三类物流仓储用地	10	15	20	—	—	—	0.5
S	S1	城市道路用地	2	3	5	—	—	—	1
	S2	轨道交通线路用地	2	2	2	—	—	—	1
	S3	综合交通枢纽用地	40	50	60	—	—	—	1
	S4	交通场站用地	2	5	8	—	—	—	1
	S9	其他交通设施用地	2	2	2	—	—	—	1
U	U1	供应设施用地	30	35	40	—	—	—	1
	U2	环境设施用地	30	35	40	—	—	—	1
	U3	安全设施用地	30	35	40	—	—	—	1
	U9	其他公用设施用地	30	35	40	—	—	—	1
G	G1	公共绿地	1	1	1	—	—	—	1
	G2	防护绿地	1	1	1	—	—	—	1
	G3	广场用地	2	3	5	—	—	—	1

三、空间负荷预测步骤

1. 准备负荷数据，进行总量负荷演测

收集负荷历史数据、环境历史数据。采用组合式预测模型对负荷区域进行总量负荷预测，利用各类负荷预测模型的有用信息，将各预测模型有机结合在一起，充分发挥各自优点。最大程度上提高负荷预测的准确性。

2. 土地使用类的划分及分类土地预测

土地使用类的划分主要是根据不同类型的用户对土地使用的不同要求以及用电特性来确定的。可以简单地划分为工业、商业、居民、市政和学校四类。每类负荷都给定一合成负荷密度。未来的负荷密度可采用终端使用预测，进行终端用电预测的目的是预测各类用户未来的用电特性，特别是典型负荷曲线的变化，方法是采用负荷曲线叠加：对用地类型进一步细分，从下至上进行叠加，就可以求出未来各用地类型的负荷密度曲线。

分类土地预测的目的是确定未来年份内各用地类型的土地增长量，利用社会各行业间固有的比例关系，从总量负荷预测中推导出分类负荷，然后利用典型负荷密度曲线计算出各用地类型的预测面积。

3. 区域划分

区域划分是空间负荷预测的必要步骤，即将待预测区域划分成若干个小区，其目的是预测负荷增长的位置，为配电网规划提供空间信息。这里小区的概念是空间负荷预测要处理的最小地理单位。合理的区域划分不仅可以简化空间负荷预测的过程，还可以提高预测的精度和可信度，现有的区域划分方法主要有规则划分和不规则划分两种。

区域划分得越细，负荷预测的空间分辨率越高，配电网规划也会更细致。目前，大多数空间负荷预测都采用规则划分，就是将整个城市平面区域划分成矩形网格，然后预测每个网格的未来负荷变化情况，这种划分有利于空间负荷预测方法的实现，也有利于方法的通用性和标准化。然而分辨率越高，数据收集、维护的工作量就越大，因此从数据收集角度，又倾向于不规则划分，不规则划分主要是按照城市的功能、行政、变电站和馈线的供电区域和自然地理边界分界。用这种划分方式得到小区负荷发展 S 曲线更平稳、规律性更强，预测结果有较高的可信度。

4. 空间负荷分布

将计算出的每个地块每种用地性质的负荷值与地块位置相匹配，从而得到了该区域的负荷热点及负荷密度分布情况。

5. 近期负荷预测结果

不同类型区域负荷增长趋势图如图 3-2 所示。

根据调研、统计、分析，城市负荷的增长规律，可大致分为以下三种类型：

（1）城市处于发展初、中级阶段的中小型城市，在预测期内，负荷以近似指数规律增长，其年增长率比较大，简称为 E 型。

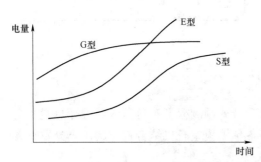

图 3-2　不同类型区域负荷增长趋势图

（2）发展成熟的大型城市，其负荷已经历过指数规律发展的阶段，在预测期内进入了一种具有饱和特性的发展阶段，简称 G 型。

（3）对一些初期用电量低，而发展又十分快的城市，在预测期内，负荷按一种 S 形曲线趋势增长，简称 S 型。

根据区域定位及发展水平判断负荷的增长特性，从而推测出规划区域近期负荷增长趋势。

第四节　空间负荷预测与配电网设备映射方法

一、地块层面

在得到每个地块的远景负荷后，参考同类型用电性质地块的配电变压器负载率，即可得到该地块远景配电变压器容量的配置需求。以居住、商业、商务、娱乐等性质为主的地块远景配电变压器负载率为 50% 左右，以工业为主的地块配电变压器负载率在 60% 左右。

二、网格层面

以地块负荷为基础，考虑不同用地性质之间的同时率，得到相邻多个地块的负荷总量，以及配电变压器容量需求。继而可得知为满足一块网格内负荷需求所需的10kV线路规模。依据不同的区域定位和区域性质，选择采用架空接线或是电缆接线，并且为满足10kV线路"$N-1$"校验，线路负载率需处在合理水平。同时，单回10kV线路挂接配电变压器容量不宜超过12 000kVA。

三、区域层面

以规划区或大分区负荷为基础，考虑不同区域定位及发展强度，区域110kV容载比合理范围，宜在1.8～2.2进行选取，继而得出该区域110kV变电容量的需求区间，以便计算该区域所需变电站数量和规模。

第五节 实 例 分 析

一、负荷特性分析

（一）电力需求变化情况

2007—2012 年，典型实例区域全社会最大负荷保持平稳较快增长，年均增长率为9.34%，年均增长绝对值为16MW。2013 年全社会最大负荷增速减慢，增速为3.00%。2014年则较2013 年有所下降，下降3.81%。2015 年较2014 年增加2.94%。

典型实例区域历史负荷数据见表3－2，历史年负荷曲线如图3－3所示。

表 3－2   典型实例区域历史负荷数据

年　　份	2007	2008	2009	2010	2011	2012	2013	2014	2015	年均增长率
全社会最大负荷（万 kW）	14.52	15.95	17.52	19.25	20.9	22.69	23.37	22.48	23.14	6.00%
人口（万人）	11.32	11.4	12.54	13.2	13.36	13.51	13.67	13.84	14.24	2.91%
人均负荷（kW/人）	1.28	1.4	1.4	1.46	1.56	1.68	1.71	1.62	1.63	3.03%

（二）区域负荷构成与分布情况分析

典型实例区域现状大致可以分为 6 大片区，分别是中心镇区、中部工业区、南部工业区、北部农村、西部农村和东部农村。根据负荷分析，中心镇区现状负荷约为83.3MW，占镇域总负荷的 36%；中部工业区负荷约为 9.3MW，占比 4%；南部工业区负荷约为53.2MW，占比23%；北部农村负荷约为62.5MW，占比27%；西部农村负荷约为16.2MW，占比 7%；东部农村负荷约为6.9MW，占比3%。具体如图3－4所示。

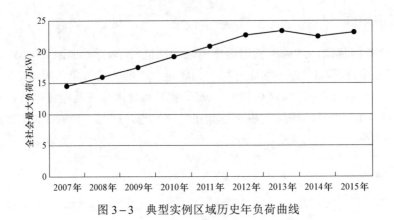

图 3-3　典型实例区域历史年负荷曲线

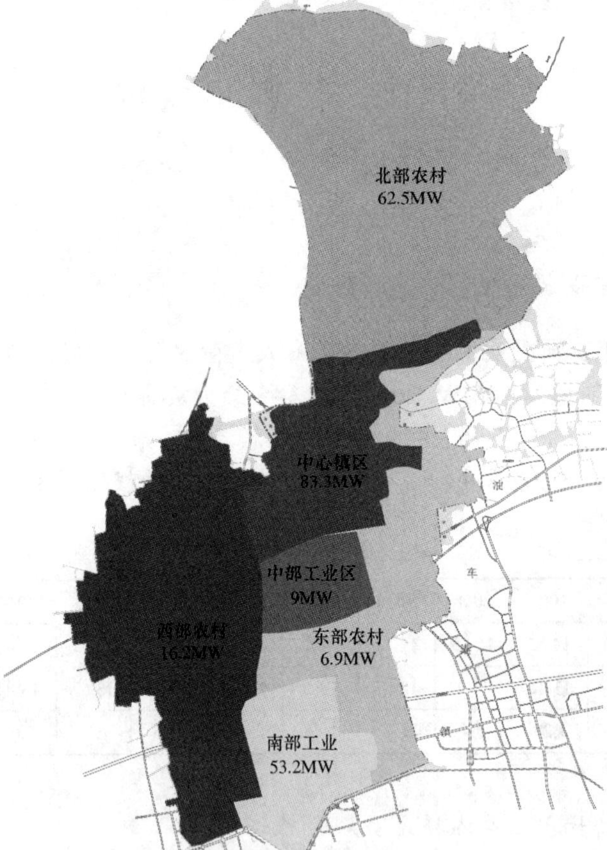

北部农村
62.5MW

中心镇区
83.3MW

中部工业区
9MW

东部农村
6.9MW

西部农村
16.2MW

南部工业
53.2MW

图 3-4　典型实例区域各区域负荷

　　综上所述，典型实例区域负荷主要分布在中心镇区、南部工业区以及北部农村，占比约为 86%。中心镇区负荷主要分布在运河以西，以工业负荷为主。

二、负荷预测方法选取

现阶段比较准确的远景负荷预测方法是根据市政规划,采用空间负荷预测法对某一典型实例区域进行负荷预测。对于典型实例区域具体来说,镇区以及集镇等有建设用地规划的区块采用地块负荷预测法,社区以及农村采用远景人均用电负荷水平法对典型实例区域远景负荷进行预测。

三、远景负荷预测结果

(一)负荷指标选取

综合考虑典型实例区域的功能定位、经济发展等因素,确定占地负荷密度指标水平和人均用电负荷水平见表3-3。

表3-3　　　　　　　典型实例区域占地负荷密度指标一览表

序号	用地性质	占地负荷密度 (MW/km²)	序号	用地性质	占地负荷密度 (MW/km²)
1	一类住宅用地	10	12	批发市场用地	20
2	二类住宅用地	15	13	加油加气站用地	15
3	行政办公用地	20	14	公用设施营业网点用地	10
4	文化设施用地	15	15	商住用地	20
5	教育科研用地	15	16	一类工业用地	15
6	体育用地	6	17	道路与交通设施用地	1
7	医疗卫生用地	20	18	公用设施用地	10
8	文物古迹用地	5	19	绿地与广场用地	1
9	宗教设施用地	5	20	发展备用地	8
10	商业设施用地	30	21	物流仓储用地	2
11	商务设施用地	30			

(二)预测结果

1. 中心镇区

根据空间负荷预测结果(如表3-4所示),典型实例中心镇区远景负荷为121.13MW,占地负荷密度为10.04MW/km²。

表3-4　　　　　　　典型实例中心镇区远景年负荷预测结果

序号	用地名称	面积(m²)	负荷密度(W/m²)	用电负荷(kW)
1	二类住宅用地	3 700 790	15	55 512
2	行政办公用地	66 898	20	1338

序号	用地名称	面积（m²）	负荷密度（W/m²）	用电负荷（kW）
3	教育科研用地	256 588	15	3849
4	医疗卫生用地	66 555	20	1331
5	文物古迹用地	20 813	5	104
6	宗教设施用地	77 287	5	386
7	商业设施用地	1 775 186	30	53 256
8	商务设施用地	275 160	30	8255
9	批发市场用地	29 068	20	581
10	一类工业用地	550 594	15	8259
11	道路与交通设施用地	63 745	1	64
12	公用设施用地	67 552	10	676
13	物流仓储用地	505 361	2	1011
14	绿地与广场用地	1 994 482	1	1994
15	发展备用地	1 615 859	8	12 927
	合计（同时率0.8）	12 065 938	—	121 129

2. 传统产业提升区

根据空间负荷预测结果（如表3-5所示），传统产业提升区远景负荷为31.07MW，占地负荷密度为7.55MW/km²。

表3-5　　　　　　传统产业提升区远景年负荷预测结果

序号	用地名称	面积（m²）	负荷密度（W/m²）	用电负荷（kW）
1	二类住宅用地	452 565	15	6788
2	教育科研用地	29 472	15	442
3	一类工业用地	1 837 019	15	27 555
4	公用设施用地	4348	10	43
5	公园绿地	1 542 951	1	1543
6	发展备用地	248 094	8	1985
	合计（同时率0.8）	4 114 449	—	31 069

3. 新兴产业培育区

根据空间负荷预测结果（如表3-6所示），新兴产业培育区远景负荷为72.36MW，占地负荷密度为7.75MW/km²。

表 3-6   新兴产业培育区远景年负荷预测结果

序号	用地名称	面积（m²）	负荷密度（W/m²）	用电负荷（kW）
1	二类住宅用地	1 732 686	15	25 990
2	文化设施用地	52 263	15	784
3	教育科研用地	78 531	15	1178
4	商业设施用地	127 157	30	3815
5	一类工业用地	2 259 963	15	33 899
6	公用设施用地	20 068	10	201
7	公园绿地	2 432 728	1	2433
8	广场用地	4733	1	5
9	发展备用地	2 628 880	8	21 031
合计（同时率 0.9）		9 337 009	—	72 362

4. 农村地区

农村地区（即城乡一体新社区）饱和负荷采用人均负荷法进行负荷预测。至远景年，农村人均负荷（考虑到乡村小企业分布较多）取值 2.0kW/人，得到农村地区远景负荷为60MW。表 3-7 给出了农村地区远景年负荷预测结果。

表 3-7   农村地区远景年负荷预测结果

区域	人口数（万人）	人均负荷（kW/人）	用电负荷（MW）
城乡一体新社区	3.0	2.0	60

5. 典型实例区域远景负荷综合预测结果

综合上述中心镇区、传统产业提升区、新兴产业培育区和农村地区的负荷预测结果，得出典型实例区域远景负荷综合预测结果。至远景年，典型实例区域预测总负荷为339MW，负荷密度为 2.66MW/km²。其中，中心镇区 121MW，传统产业提升区 31MW，新兴产业培育区 72MW，农村地区 114MW。预测结果见表 3-8。

表 3-8   典型实例区域远景年负荷预测结果

分区	供电面积（km²）	负荷（MW）	占地密度（MW/km²）	人口（人）
湿地新城（中心镇区）	12.07	121.13	10.04	94 000
传统产业提升区	4.11	31.07	7.55	10 000
新兴产业培育区	9.34	72.36	7.75	36 000
社区及农村地区	76.08	114.00	1.50	30 000
合计	101.60	338.68	3.33	170 000

典型实例区域远景负荷分布图如图3-5所示。

图3-5 典型实例区域远景负荷分布图

四、近期负荷预测结果

1. 电力需求变化情况

电力负荷预测的方法是多种多样的，每种预测方法都有其适用的范围和一定局限性，对一个地区的电力负荷预测，必须根据该地区的实际情况、发展规划以及提供的历史资料、规划的期限选取合适的预测方法。根据对典型实例区域历史负荷资料的分析，采用年增长率法与线路负荷预测法预测近期负荷。

2. 年增长率法

根据典型实例区域历史年负荷增长情况，结合典型实例区域经济发展情况和镇域发展规划，预测典型实例区域的负荷增长。本次预测按高、中、低三个方案进行预测，同时根据经济发展规律确定逐年负荷增长率，预测结果见表3-9。

表3-9 　　　　　　　　　　　　　年增长率法负荷预测结果　　　　　　　　　　　　单位：MW

	年份	2015（实际）	2016	2017	2018	2019	2020
高方案	全镇最大负荷	231.3	240.6	247.8	252.7	257.8	263
	增长率	2.94%	4.00%	3.00%	2.00%	2.00%	2.00%
中方案	全镇最大负荷	231.3	238.2	243.0	247.9	250.3	253
	增长率	2.94%	3.00%	2.00%	2.00%	1.00%	1.00%

	年份	2015（实际）	2016	2017	2018	2019	2020
低方案	全镇最大负荷	231.3	235.9	238.3	240.7	243.1	246
	增长率	2.94%	2.00%	1.00%	1.00%	1.00%	1.00%

3. 线路负荷预测法

根据近期报装用户，结合线路自身配变综合负载率及其供电区域的经济发展情况、负荷性质等因素，按高、中、低三个方案对每回线路的负荷进行预测，预测结果见表 3－10。

表 3－10　　　　　　　　　　　线路负荷预测法预测结果　　　　　　　　　　单位：MW

年份	2015（实际）	2016	2017	2018
高方案	231.4	239.5	243.8	248.2
中方案	231.4	238.2	241.8	245.6
低方案	231.4	237.7	239.1	241.7

4. 综合预测结果

综合年增长率法以及线路负荷预测法，对年增长率法取权重 0.7，对线路负荷预测法取权重 0.3，汇总结果见表 3－11。

表 3－11　　　　　　　　　　典型实例区域近期负荷预测一览表　　　　　　　　单位：MW

年份	2015（实际）	2016	2017	2018	2019	2020	十三五年均增长率
高方案	231.4	240.2	246.6	251.4	257.8	262.9	2.59%
中方案	231.4	238.2	242.6	247.2	250.3	252.8	1.79%
低方案	231.4	236.5	238.5	241.0	243.1	245.5	1.19%

本次规划采用中方案为最终预测方案，至 2020 年典型实例区域总负荷为 252.8MW，负荷密度为 1.99MW/km^2。

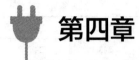

第四章

新型城镇配电网规划

第一节　新型城镇配电网规划目标及重点

一、工业主导型城镇

1. 城市规划特征及配电网特点

工业主导型的新型城镇规划一般由工业区、镇区及其他非城市建设区域组成，以工业区开发建设为核心，形成工业区围绕镇区（或者新城）城市规划结构。目前在新型城镇规划中工业区已由单一工业用地转变为集工业、商贸、物流集聚的综合型工业园区。

受配电网规模大、设备多、接线模式复杂等特点影响，工业主导型城镇配电网的网架规划具有以下特点：

（1）配电网规划与工业用户的具体情况存在密切的关系。由于配电网深入至末端大量工业用户，在配电网规划时需要考虑较多的用户因素，如用户接入配电网方式、保证多电源的用户的供电可靠性、在用户负荷特性对配电网线、变、站负荷的影响等，因而不同地区甚至不同地块配电网的网架结构均可存在较大差异。

（2）配电网规划方案编制存在多样性。10kV 配电网中可选用的设备众多、可选择的接线模式多样化，在进行具体配电网规划时，针对同一地区甚至同一地块可提出多种可行的规划方案，形成不同的配电网结构，加大了配电网规划的难度。

（3）配电网规划方案存在长期的变化过程。当用户情况、产业调整、上级变电站规划等因素发生变化时，均会对配电网规划方案产生较大影响，特别是用户情况变化，使配电网的变动频繁。

2. 工业主导型城镇的分类及其差异化的规划要求

按工业园区涉及的产业不同，工业主导型城镇可有以下三种分类：

（1）负荷密度较高，对供电可靠性和电能质量有特殊要求的园区。此类园区包括大型化工区、大型重装备制造区、大型冶金制造区，并且存在一定数量的特级或一级重要用户，园区呈现负荷密度高、供电可靠性和电能质量要求高，如出现停电事故可能造成安全事故或重大财产损失。

配电网规划要求可按《配电网规划设计技术导则》（DL/T 5729—2016）中 A 类供电

区域标准建设。

（2）国家级或省级高新技术园区、城市工业集聚区或保税园区。此类园区包括电子信息产业、生物医药产业、精密机械产业、数据中心等高科技行业，园区内存在一定数量的二级重要用户，负荷密度与城市核心区域保持同一水平，并且用户生产设备对电压、谐波有较高的灵敏性或需无尘恒温环境，出现停电事故或电能质量波动，可能造成批量残次品，形成较大财产损失的情况。

配电网规划要求可按《配电网规划设计技术导则》（DL/T 5729—2016）中 B 类供电区域标准建设。

（3）一般制造产业园区。此类园区包括材料加工、纺织加工、食品加工、机械制造等一般制造产业，园区内无重要用户，并且负荷密度较低，对供电可靠性和电能质量无特殊要求。

配电网规划要求可按《配电网规划设计技术导则》（DL/T 5729—2016）中 C 类供电区域标准建设。

3. 规划目标及重点

工业主导型新型城镇的配电网规划重点在于城镇中工业园区配电网是否满足工业用户的用电需求和供电可靠性、电能质量的需求，规划目标见表 4-1。

表 4-1　　　　　　　　　　工业主导型新型城镇化配电网规划目标指标

类　　型	供电可靠性	综合电压合格率
负荷密度高，对供电可靠性和电能质量有特殊要求的园区	用户年平均停电时间不高于 52min（≥99.990%）	≥99.98%
国家级或省级高新技术园区、城市工业集聚区或保税园区	用户年平均停电时间不高于 3h（≥99.965%）	≥99.95%
一般制造产业园区、镇区	用户年平均停电时间不高于 9min（≥99.897%）	≥99.70%

二、商业贸易主导型城镇

1. 城市规划特征及配电网特点

商业贸易主导型的新型城镇规划由商业贸易区、镇区及其他非城市建设区域组成，商业贸易区一般与镇区中居住区相邻或融入至镇区规划中，形成以第三产业为主导的城市规划结构。商业贸易主导型城镇配电网的网架规划具有以下特点。

（1）商业贸易区可位于城市核心区或城市副中心，土地价值较高，电力设施所需的土地资源和通道资源相对稀缺。

（2）商业贸易中心存在超高层建筑或大面积楼群建筑，建筑内具备消防、电梯动力等重要负荷，并且人流较大，一旦出现停电事故，将造成较大经济损失和社会影响，因而其供电可靠性较高。

（3）由于商业建设地块建设密度较高，负荷密度较大，相对供电半径较低，一般电能质量不会成为规划的重点。

（4）商业贸易区一般存在地区标志性地标建筑和交通枢纽，对配电网规划建设的环境因素有较高的要求。

2. 商业贸易主导型城镇的分类及其差异化的规划要求

按商业贸易涉及的建设模式，商业贸易主导型城镇可有以下两种分类：

（1）商业金融核心区域（CBD）。此类商业贸易区为城市核心或副中心，区内有大型公司总部或地区分部中心、大型商业集群和金融机构，存在大量的标志性建筑和交通枢纽，建筑以超高层和高层为主，是区域经济中心。此类区域具有负荷密度高、供电可靠性要求高的特点，如出现停电事故可能造成安全事故和社会影响。

配电网规划要求可按《配电网规划设计技术导则》（DL/T 5729—2016）中 A 类供电区域标准建设。

（2）区域性商务办公区和会展中心。此类商业贸易区是城市现代化的象征与标志，是一般城市或城镇的功能核心，是经济、科技、文化的密集区。区域内将集中大量的金融、商贸、文化、服务以及大量的商务办公和酒店、公寓等设施。区域负荷密度一般高于城市周边居民区，对供电可靠性有一定的要求。

配电网规划要求可按《配电网规划设计技术导则》（DL/T 5729—2016）中 B 类供电区域标准建设。

（3）大型商业市场区。大型商业区是指零售商业聚集区，包括大型批发市场、贸易中心，建筑形式以楼群为主，可位于城市中心城区内或周边区域，相对商业金融核心区域和商务办公区，其对周边环境的要求相对较低，但如果出现停电事故，将出现较大的经济损失。

配电网规划要求可按《配电网规划设计技术导则》（DL/T 5729—2016）中 B 类供电区域标准建设。

3. 规划目标及重点

商业贸易主导型新型城镇的配电网规划重点在于如何保障城市中商业贸易区的用电需求和供电可靠性，高效利用有限的土地资源和通道资源，与周边环境相适应。规划目标见表 4-2。

表 4-2 　　　　　　　　　　商业贸易型新型城镇化配电网规划目标指标

类　　型	供电可靠性	综合电压合格率
商业金融核心区域（CBD）	用户年平均停电时间不高于 52min（≥99.990%）	≥99.98%
区域性商务办公区和会展中心、大型商业区	用户年平均停电时间不高于 3h（≥99.965%）	≥99.95%
镇区	用户年平均停电时间不高于 9min（≥99.897%）	≥99.70%

三、旅游开发型城镇

1. 城市规划特征及其差异化的规划要求

旅游开发型城镇的开发模式有以下三类：

（1）大型城市旅游区：拥有100万以上人口的城市，包括超大型、大型及中型城市，本身就是客源地也是目的地，通过旅游吸引力建设可以提升城市品牌与城市产业空间，特别是休闲发展、文化休闲街区、休闲商业综合体、RBD、都市休闲聚落、主题公园、创意产业园区等多种形式的休闲业态发展，体现城镇化率及城市品质。

配电网规划要求可按《配电网规划设计技术导则》（DL/T 5729—2016）中A类供电区域标准建设。

（2）小型城镇旅游区：对于小型地级市、县级的中心镇、建制镇，带动性相对比大中城市弱，但具备鲜明的主题性特征旅游资源，这是中国最重要的旅游城镇化模式。镇区内拥有4A、5A级景区，形成特色城镇，实现创新型升级。由于镇区中旅游区人口流动大、环境要求高，因而区域配电网规划水平应高于镇区水平。

配电网规划要求可按《配电网规划设计技术导则》（DL/T 5729—2016）中B类供电区域标准建设。

（3）独立风景区：此类风景区相对独立于城镇镇区，一般为自然风景区，其特点为面积大，负荷密度低，相应用电设施分散，并且线路敷设难度较大。

配电网规划要求可按《配电网规划设计技术导则》（DL/T 5729—2016）中D类供电区域标准建设。

2. 规划目标及重点

旅游开发型新型城镇的配电网规划重点在于针对不同的配电网建设条件，满足城市旅游区和独立风景区的用电需求，并且保证城市旅游区与其他城市建设区域具备相同的配电网规划水平，规划目标见表4-3。

表4-3 旅游开发型新型城镇配电网规划目标指标

类　型	供电可靠性	综合电压合格率
大型城市旅游区	用户年平均停电时间不高于52min（≥99.990%）	≥99.98%
小型城镇旅游区	用户年平均停电时间不高于3h（≥99.965%）	≥99.95%
独立风景区	用户年平均停电时间不高于9min（≥99.897%）	≥99.70%

四、特色农业型城镇

1. 城市规划特征及配电网特点

特色农业型新型城镇规划由镇区、特色农业区及其他非城市建设区域（普通农村）组成，城镇规划中城市建设用地比例极低，镇区规模较小，同时特色农业区中将含有小型加工区、商务区和集中的农村宅基地。特色农业型城镇配电网的网架规划具有以下特点：

（1）除镇区外，农业建设区域对供电可靠性的要求相对较低。

（2）相对城市建设区域，农业城镇在电力设施用地和通道条件上较为充裕，配电网建设难度较低。

（3）由于城市建设规模较小，总体负荷密度较低，在电力设施布局上适合"小容量、多布点"的方式，从而可以控制配电网供电半径，保证电能质量。

2. 特色农业型城镇的分类及其差异化的规划要求

按农业开发的建设模式，特色农业型城镇可有以下三种分类：

（1）农业加工区。目前特色农业型城镇普遍设置农业加工区，从产业上看属工业用地，加工区内以绿色产业为主要功能导向，布置以农产品生产、农业生物技术、农产品精深加工、绿色环保产业为主的无污染、环保型、高科技的一类工业和其他无污染的相关产业，并设置有仓储物和相关服务设施，充分体现循环经济的理念。从配电网规划上看，可与一般工业园区的配置保持一致。

配电网规划要求可按《配电网规划设计技术导则》（DL/T 5729—2016）中 C 类供电区域标准建设。

（2）特色农业区。此类区域由传统的农作物种植和蔬菜栽培基地发展成为拥有菜园、果园、花卉园、牧场、稀有名贵动物饲养、观光农场、中药材培植等项目的综合性农场，并以当地农业特色品种为背景，开发农业展示园，是一个高度专业化、规模化、产业化、智能化的生态产业园。区域内分散具有部分服务设置，但总体上用电水平略高于普通农业区，对供电可靠性要求和负荷密度低。

配电网规划要求可按《配电网规划设计技术导则》（DL/T 5729—2016）中 D 类供电区域标准建设。

（3）非城市建设区域（普通农业）。配电网规划要求可按《配电网规划设计技术导则》（DL/T 5729—2016）中 E 类供电区域标准建设。

3. 规划目标及重点

由于特色农业型城镇一般呈现负荷密度低和负荷分散的特点，配电网规划重点在于如何保障远距离用电负荷的供电、合理控制供电半径、提升供电的电能质量水平。规划目标见表 4-4。

表 4-4   特色农业型城镇配电网规划目标指标

类　　型	供电可靠性	综合电压合格率
农业加工区	用户年平均停电时间不高于 9h（≥99.897%）	≥99.70%
特色农业区	用户年平均停电时间不高于 15h（≥99.897%）	≥99.30%
非城市建设区域（普通农业）	不低于向社会承诺的指标	不低于向社会承诺的指标

五、综合性城镇

1. 城市规划特征及配电网特点

综合型城镇规划是由不同类型功能区组成的城镇体系，城镇体系中包括镇区、商业、工业、旅游、特色农业等不同类型区域，一般为重点开发城镇，城市建设开发用地规模比例较大。

为满足不同类型区域的差异性用电要求，适应不同地区的地理及环境差异，应细化划分供电区域，进行差异化规划。按照地区负荷密度、用户重要程度、可靠性要求等，可将配电网划分为若干类不同的区域，制定相应的建设标准和发展重点。

2. 规划目标

规划目标见表4-5。

表4-5　　　　　　　　　　综合型城镇配电网规划目标指标

类　　型	供电可靠性	综合电压合格率
负荷密度高，对供电可靠性和电能质量有特殊要求的园区 商业金融核心区域（CBD） 大型城市旅游区	用户年平均停电时间不高于52min（≥99.990%）	≥99.98%
国家级或省级高新技术园区、城市工业集聚区或保税园区 区域性商务办公区和会展中心、大型商业市场区 小型城镇旅游区	用户年平均停电时间不高于3h（≥99.965%）	≥99.95%
一般制造产业园区 农业加工区 各类城镇镇区	用户年平均停电时间不高于9h（≥99.897%）	≥99.70%
独立风景区 特色农业区	用户年平均停电时间不高于15h（≥99.897%）	≥99.30%
非城市开发区域	不低于向社会承诺的指标	不低于向社会承诺的指标

第二节　新型城镇配电网规划方案编制总体流程

在具体编制配电网规划方案时，需要考虑所有对规划方案产生影响的因素，其不仅是编制规划方案的前提条件，还决定了配电网规划方案的合理性。

1. 远景配电网规划方案

除配电网规划的相关技术原则，在具体编制远景配电网规划方案时还需考虑以下因素。

（1）远景配电网规划的目标、深度和规划内容。

（2）远景负荷分布预测结果。针对配电网规划工作的需求，仅凭借规划区的总量预测结果，无法开展具体远景配电网规划，规划工作必须以远景负荷分布预测结果作为线路、配电网的规划依据。

（3）远景上级变电站规划。作为配电网电源，远景上级变电站规划方案是远景配电网规划的基础，其不仅需要提供远景变电站的站址，还需提供变电站容量、间隔数量、拟定供电范围等相关信息。

（4）现状配电网。对于现状保留地块或地区，在进行远景配电网规划时需要考虑现状已建的配电网具体保留、改接、改造方案的最终状态。

2. 近期配电网规划方案

相对远景配电网规划，近期配电网规划更为具体、细致，并且其与现状配电网联系更为紧密，在具体编制规划方案时需考虑因素有所不同，具体有如下几方面。

（1）近期配电网规划的目标、深度和规划内容。

（2）近期配电网负荷分布预测结果。开展具体近期配电网方案规划工作必须以近期负荷分布预测结果作为线路、配电网的规划、改造依据。

（3）近期上级变电站规划。近期上级变电站规划方案是近期配电网规划的基础，除了提供类似远景配电网规划方案所需信息外，还需要已有基建站出线方案，作为近期局部配电网建设、改造的方案。

（4）现状配电网。近期配电网规划是在现状配电网基础上的延续建设、改造，因而现状配电网是近期规划方案编制的重要前提。

（5）现状配电网评估结果。近期配电网规划中应解决现状配电网评估中发现的具体问题，并提出相应的改造方案。

（6）远景配电网规划方案。在近期配电网规划中的新建配电站、线路和相关优化方案需要建立在远景配电网规划方案的基础上，相应的配电站站址、线路走向和线路型号应与远景方案保持一致，确保配电网主干长期不变，近期、远景方案顺利过渡，如图4-1所示。

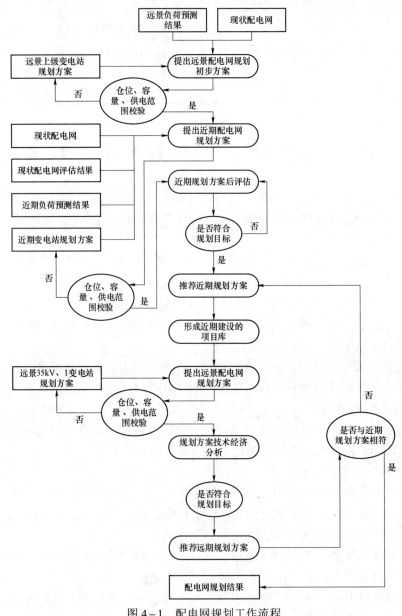

图4-1　配电网规划工作流程

第三节　新型城镇高压配电网规划

一、变电站选址及定容

站址布点的任务是根据变电站座数估算结果，制定几个可比的变电站布点方案，以便进行方案优选。目前，站址布点主要由技术人员来完成，它很大程度上依赖于设计者的经验，具有一定主观性。随着信息化手段的发展，基于计算机分析的方案设计方法已经得到广泛应用，极大地帮助了规划设计人员开展工作。

1. 布点思路

变电站的规划布点可概括为多中心选址优化，需要综合考虑变电站（含中压配电网）建设投资和运行费用，实现区域配电网建设经济技术最优化。变电站布点在城市建设中，受到落地困难、跨越河流、湖泊、道路、铁路等因素影响，开展变电站布点是一个多元连续选址的组合优化过程。

2. 布点流程

在已经掌握了地区控制性规划，并已开展空间负荷预测的区域，变电站布点应针对水平年负荷需求开展。根据未来电源的布局和负荷分布、增长变化情况，以现有电网为基础，在满足负荷需求的条件下，参照区域城市建设布局，形成远景年变电站供电区域划分，并初步将变电站布点于负荷中心且便于进出线的位置。在上述方案或多方案的基础上，需要开展技术经济测算，校验变电站布点方案的科学性和合理性，并根据测算结果对方案优化或选择。同时，需要兼顾电网建设时序，充分考虑电网过渡方案，并结合区域可靠性要求开展变电站故障情况下负荷转移分析。

随着规划变电站站址的逐个落实，需对原布点方案进行调整、优化。在尚未掌握地区控制性规划的区域，变电站布点应在现状电网的基础上，充分考虑未来负荷发展需求，在规划水平年变电站数量的基础上适度预留，并持续跟进城市规划成果，及时更新变电站布点方案。

二、主变压器选择

（一）一般原则

1. 主变压器容量

按照 5～10 年发展规划的需求来确定，也可由上一级电压电网与下一级电压电网间的潮流交换容量来确定。变电站内装设 2 台及以上变压器时，若 1 台故障或检修，剩余的变压器容量应满足相关技术规范要求，在计及过负荷能力后的允许时间内，能够保证二级及以上电力用户负荷供电。

同一规划区域中，相同电压等级的主变压器单台容量规格不宜超过 3 种，同一变电站的主变压器宜统一规格。对于负荷密度高的供电区域，若变电站布点困难，可选用大容量变压器以提高供电能力，并应通过加强上下级电网的联络增加供电可靠性。

2. 主变压器台数选择

根据地区负荷密度、供电安全水平要求和短路电流水平，确定变电站主变压器台数，变电站的主变压器台数最终规模不宜多于 4 台。高负荷密度地区变电站主变压器台数 3～4 台，负荷密度适中地区变电站主变压器台数 2～3 台，低负荷密度地区变电站主变压器台数 1～2 台。

3. 调压方式的选择

变压器的电压调整通过切换变压器的分接头改变变压器变比。切换方式有两种：一种是不带负载切换，称为无励磁调压，调压范围通常在 ±5% 以内；另一种是带负载切换，称为有载调压，调压范围通常有 ±10% 和 ±12% 两种。110kV 及以下的变压器调压设计时可根据需要采用有载调压方式。

4. 绕组数量选择

对于深入至负荷中心、具有直接从高压降为低压供电条件的变电站，为简化电压等级或减少重复降压容量，可采用双绕组变压器。对于有 35kV 用户需求的区域，110kV 变压器可选用三绕组变压器。

5. 绕组连接方式选择

变压器绕组的连接方式必须和系统电压相位一致，否则不能并列运行。电力系统采用的绕组连接方式一般是 Y 形和 △ 形，高、中、低压三侧绕组如何组合要根据具体工程来确定。我国 110kV 及以上变压器高、中压绕组都采用 Y 形连接；35kV 如需接入消弧线圈或接地电阻时，亦采用 Y 形连接；35kV 以下变压器绕组都采用 △ 形连接。

（二）不同类型城镇主变压器的选择

不同类型城镇主变压器的选择如表 4-6 所示。

表 4-6　　　　　　　　不同类型城镇主变压器的选择

电压等级	区域类型	台数（台）	单台容量（MVA）
110kV	工业主导型城镇：负荷密度高，对供电可靠性和电能质量有特殊要求的园区 商业贸易主导型城镇：商业金融核心区域（CBD） 旅游开发主导型城镇：大型城市旅游区	3～4	63、50
	工业主导型城镇：国家级或省级高新技术园区、城市工业集聚区或保税园区 商业贸易主导型城镇：区域性商务办公区和会展中心、大型商业市场区 旅游开发主导型城镇：小型城镇旅游区	2～3	63、50、40
	工业主导型城镇：一般制造产业园区 农业主导型城镇：农业加工区 各类城镇镇区	2～3	50、40、31.5
	旅游开发主导型城镇：独立风景区 农业主导型城镇：特色农业	2～3	40、31.5、20
	非城市开发区域	1～2	20、12.5、6.3

电压等级	区域类型	台数（台）	单台容量（MVA）
35kV	工业主导型城镇：负荷密度高，对供电可靠性和电能质量有特殊要求的园区 商业贸易主导型城镇：商业金融核心区域（CBD） 旅游开发主导型城镇：大型城市旅游区	2～3	31.5、20
	工业主导型城镇：国家级或省级高新技术园区、城市工业集聚区或保税园区 商业贸易主导型城镇：区域性商务办公和会展中心、大型商业市场区 旅游开发主导型城镇：小型城镇旅游区	2～3	31.5、20、10
	工业主导型城镇：一般制造产业园区 农业主导型城镇：农业加工区 各类城镇镇区	2～3	20、10、6.3
	旅游开发主导型城镇：独立风景区 农业主导型城镇：特色农业区	1～3	10、6.3、3.15
	非城市开发区域	1～2	3.15、2

三、电气主接线

变电站电气主接线应满足供电可靠、运行灵活、适应远方控制、操作检修方便、节约投资、便于扩建以及规范、简化等要求。变电站电气主接线的选取，应综合考虑变电站功能定位、进出线规模等因素，并结合远期电网结构预留扩展空间。变电站高压侧主接线应简单清晰，110kV、35kV 变电站常用的主接线一般有单母线、单母线分段、线路变压器组、内桥接线、外桥接线等接线方式。对于扩展形式和其他更复杂的形式（如扩大单元、内桥加线变组），可以根据基本形式组合应用。

110kV、35kV 变电站，有两回路电源和两台变压器时，主接线可采用桥形接线。当电源线路较长时，应采用内桥接线，为了提高可靠性和灵活性，可增设带隔离开关的跨条。当电源线路较短，需经常切换变压器或桥上有穿越功率时，应采用外桥接线。

当 110kV、35kV 线路为两回路以上时，宜采用单母线或单母线分段接线方式，10kV 侧宜采用单母线或单母线分段接线方式。当变电站站内变压器为两台以上时，可以采用 110kV、35kV 的分段母线与主变压器交叉接线的方式提高可靠性。当 10kV 侧采用单母线多分段的接线方式时，可将 10kV 侧的若干分段母线环接以提高供电可靠性。

四、网络结构

（一）主要原则

（1）正常运行时，各变电站应有相互独立的供电区域，供电区域不交叉、不重叠，故障或检修时，变电站之间应有一定比例的负荷转供能力。

（2）高压配电网的转供能力主要取决于正常运行时的变压器容量裕度、线路容量裕度，通过中压主干线的合理分段数和联络实现负荷转供。

（3）同一地区同类供电区域的电网结构应尽量统一。

（4）35～110kV 变电站宜采用双侧电源供电，条件不具备或处于电网发展的过渡阶段，也可同杆架设双电源供电，但应加强中压配电网的联络。

（二）主要结构

1. 辐射状结构（单侧电源）

从上级电源变电站引出同一电压等级的一回或双回线路，接入本级变电站的母线（或桥），称为辐射结构。辐射结构分为单辐射和双辐射两种类型。

（1）单辐射。由一个电源的一回线路供电的辐射结构，单辐射结构中，110kV 变电站主变压器台数为 1～2 台。单辐射结构不满足"$N-1$"要求，如图 4-2 所示。

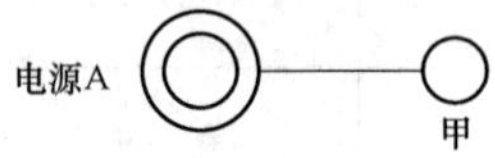

图 4-2 单辐射接线示意图

（2）双辐射。由同一电源的两回线路供电的辐射结构。辐射状结构（单辐射、双辐射）的优点是接线简单，适应发展性强；其缺点是 110kV 变电站只有来自同一电源的进线，可靠性较差。主要适合用于负荷密度较低、可靠性要求不太高的地区，或者作为网络形成初期、上级电源变电站布点不足时的过渡性结构，如图 4-3 所示。

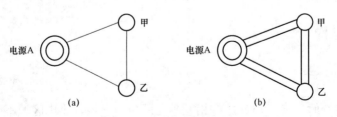

(a)　　　　　　　　　　　　　(b)

图 4-3 双辐射结构

（a）单座变电站双辐射接线示意图；（b）多座变电站双辐射接线示意图

2. 环式结构（单侧电源，环网结构，开环运行）

从上级电源变电站引出同一电压等级的一回或双回线路，接入本级变电站的母线（或桥），并依次串接两个（或多个）变电站，通过另外一回或双回线路与起始电源点相连，形成首尾相连的环形接线方式，一般选择在环的中部开环运行，称为环网结构，如图 4-4 所示。

图 4-4 环式结构示意图

（a）单环；（b）双环

（1）单环。由同一电源站不同路径的两回线路分别给两个变电站供电，站间一回联络线路。

（2）双环。由同一电源站不同路径的四回线路分别给两个变电站供电，站间两回联络线路。

环式结构（单环、双环）中只有一个电源，变电站间为单线或双线联络，其优点是对电源布点要求低，扩展性强；缺点是供电电源单一，网络供电能力小。主要适用于负荷密度低，电源点少，网络形成初期的地区。

3. 链式（双侧电源）

从上级电源变电站引出同一电压等级的一回或多回线路，依次 π 接或 T 接到变电站的母线（或环入环出单元、桥），末端通过另外一回或多回线路与其他电源点相连，形成链状接线方式，称为链式结构，具体包括以下三种结构：

（1）单链。由不同电源站的两回线路供电，站间一回联络线路，如图 4-5 所示。

图 4-5　单链接线示意图

（2）双链。两个电源站各出两回线路供电，站间两回联络线路，如图 4-6 所示。

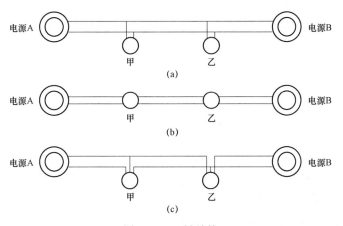

图 4-6　双链结构

（a）T 接双链接线示意图；（b）π 接双链接线示意图；（c）T、π 结合双链接线示意图

（3）三链。两个电源站各出三回线路供电，站间三回联络线路，如图 4-7 所示。

链式结构的优点是运行灵活，供电可靠高；缺点是出线回路数多，投资大。主要适用于对供电可靠性要求高、负荷密度大的繁华商业区、政府驻地等。

（三）不同类型城镇网架结构的选择

不同类型城镇网架结构选择见表 4-7。

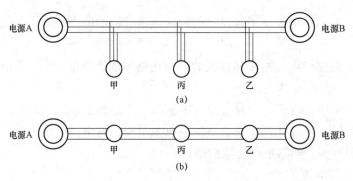

图 4-7 三链结构

（a）T 接三链接线示意图；（b）π 接三链接线示意图

表 4-7 不同类型城镇网架结构选择参考

电压等级	区域类型	链式			环网		辐射	
		三链	双链	单链	双环网	单环网	双辐射	单辐射
110kV	工业主导型城镇：负荷密度高，对供电可靠性和电能质量有特殊要求的园区 商业贸易主导型城镇：商业金融核心区域（CBD） 旅游开发主导型城镇：大型城市旅游区	✓	✓	✓	✓		✓	
	工业主导型城镇：国家级或省级高新技术园区、城市工业集聚区或保税园区 商业贸易主导型城镇：区域性商务办公区和会展中心、大型商业市场区 旅游开发主导型城镇：小型城镇旅游区	✓	✓	✓	✓		✓	
	工业主导型城镇：一般制造产业园区 农业主导型城镇：农业加工区 各类城镇镇区	✓	✓	✓	✓	✓	✓	
	旅游开发主导型城镇：独立风景区 农业主导型城镇：特色农业区				✓	✓	✓	
	非城市开发区域							✓
35kV	工业主导型城镇：负荷密度高，对供电可靠性和电能质量有特殊要求的园区 商业贸易主导型城镇：商业金融核心区域（CBD） 旅游开发主导型城镇：大型城市旅游区	✓	✓	✓	✓		✓	
	工业主导型城镇：国家级或省级高新技术园区、城市工业集聚区或保税园区 商业贸易主导型城镇：区域性商务办公区和会展中心、大型商业市场区 旅游开发主导型城镇：小型城镇旅游区		✓	✓		✓	✓	
	工业主导型城镇：一般制造产业园区 农业主导型城镇：农业加工区 各类城镇镇区		✓	✓		✓	✓	
	旅游开发主导型城镇：独立风景区 农业主导型城镇：特色农业区				✓	✓		
	非城市开发区域							✓

（四）目标网架过渡

各结构过渡关系。各类供电区域内的电网可根据电网建设阶段，供电安全水平要求和实际情况，通过建设与改造，分阶段逐步实现推荐采用的电网结构，如图 4-8 所示。

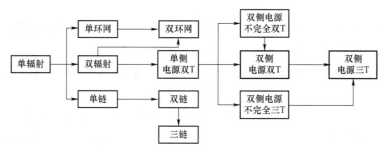

图 4-8 高压线路接线模式向目标网架过渡示意图

五、供电安全标准

根据《城市电网供电安全标准》（DL/T 256—2012），高压配电网变电站的供电安全标准属于三级标准，对应的组负荷范围在 12～180MW（组负荷是指负荷组的最大负荷），其供电安全水平要求如下：

（1）对于停电范围在 12～180MW 的组负荷，其中，不小于组负荷减 12MW 的负荷或者不小于三分之二的组负荷（两者取小值）应在 15min 内恢复供电，余下的负荷应在 3h 内恢复供电。

（2）该级停电故障主要涉及变电站的高压进线或主变压器，停电范围仅限于故障变电站所带的负荷，其中大部分负荷应在 15min 内恢复供电，其他负荷应在 3h 内恢复供电。

（3）工业主导型城镇：负荷密度高，对供电可靠性和电能质量有特殊要求的园区；商业贸易主导型城镇：商业金融核心区域（CBD）；旅游开发主导型城镇：大型城市旅游区故障变电站所带的负荷应在 15min 内恢复供电；其他类型区域故障变电站所带的负荷，其大部分负荷（不小于 2/3）应在 15min 内恢复供电，其余负荷应在 3h 内恢复供电。

（4）该级标准要求变电站的中压线路之间宜建立站间联络，变电站主变压器及高压线路可按"$N-1$"原则配置。

提升高压配电网供电安全水平，主要是采用"$N-1$"原则配置主变压器和高压线路。

六、电力线路

（一）35～110kV 导线选取原则

（1）线路导线截面宜综合饱和负荷状况、线路全寿命周期选定。

（2）线路导线截面应与电网结构、变压器容量和台数相匹配。

（3）线路导线截面应按照故障情况下通过的安全电流裕度选取，正常情况下按照经济载荷范围校核。

（4）35～110kV 线路跨区供电时，导线截面宜按建设标准较高区域选取。导线截面选取宜适当留有裕度，以避免频繁更换导线。

（5）35～110kV 架空线路导线宜采用钢芯铝绞线，沿海及有腐蚀性地区可选用防腐型导线。

（6）新架设的 35～110kV 架空线路不应使用耐热导线以满足载流要求。耐热导线只能用于增加原有线路载流量使用。

（7）35～110kV 电缆线路宜选用交联聚乙烯绝缘铜芯电缆，载流量应与该区域架空线路相匹配。

（8）对于采用 110kV 开关站集中向工业园区供电的情况，开关站进线导线截面可根据需要采用较大截面导线，导线截面超过 240mm² 时，宜采用分裂导线方式，不应选择截面在 400mm² 以上的单根导线。

（二）导线载流量选择

导线载流量选择是根据高压配电网运行方式和供电可靠性要求，计算各导线的最大载流量需求，用于指导导线型号及截面的选择，具体计算过程中需考虑的因素包括：① 明确变电站主变压器台数、容量及负载率；② 高压配电网运行方式（正常方式、故障方式、检修方式等）；③ 可靠性要求。

（三）不同类型城镇导线截面的选择

不同类型城镇导线截面的选择见表 4-8。

表 4-8　　　　　　　　　不同类型城镇导线截面的选择

电压等级	区 域 类 型	导线截面
110kV	工业主导型城镇：负荷密度高，对供电可靠性和电能质量有特殊要求的园区 商业贸易主导型城镇：商业金融核心区域（CBD） 旅游开发主导型城镇：大型城市旅游区	≥240mm²
	工业主导型城镇：国家级或省级高新技术园区、城市工业集聚区或保税园区 商业贸易主导型城镇：区域性商务办公区和会展中心、大型商业市场区 旅游开发主导型城镇：小型城镇旅游区	≥240mm²
	工业主导型城镇：一般制造产业园区 农业主导型城镇：农业加工区 各类城镇镇区	≥150mm²
	旅游开发主导型城镇：独立风景区 农业主导型城镇：特色农业区	≥150mm²
	非城市开发区域	≥150mm²
35kV	工业主导型城镇：负荷密度高，对供电可靠性和电能质量有特殊要求的园区 商业贸易主导型城镇：商业金融核心区域（CBD） 旅游开发主导型城镇：大型城市旅游区	≥150mm²

电压等级	区　域　类　型	导线截面
35kV	工业主导型城镇：国家级或省级高新技术园区、城市工业集聚区或保税园区 商业贸易主导型城镇：区域性商务办公区和会展中心、大型商业市场区 旅游开发主导型城镇：小型城镇旅游区	≥150mm²
	工业主导型城镇：一般制造产业园区 农业主导型城镇：农业加工区 各类城镇镇区	≥120mm²
	旅游开发主导型城镇：独立风景区 农业主导型城镇：特色农业区	≥120mm²
	非城市开发区域	≥120mm²

第四节　新型城镇中压配电网规划

一、配电变压器及其容量选定

（一）配电变压器选择

1. 配电变压器型式选择

不同形式变压器特点对比见表4-9。

表4-9　　　　　　　　　不同形式变压器特点对比

类型	特　　点	适用范围
柱上变压器	经济、简单，运行条件差	容量小（400kVA及以下）
箱式变压器	占地少，造价居中，运行条件差	用地紧张，有景观要求地区
配电室	运行条件好，扩建性好，占地面积大，造价高	校区配套，商业办公，企业

2. 配电变压器的台数

供电可靠性要求较高电力用户及住宅配套配电室一般选择不低于两台配电变压器，单台容量不大于1000kVA。

3. 变压器连接组别的选择

柱上变压器满足三相负荷基本平衡，其低压中性线电流不超过绕组额定电流25%且供电系统中谐波干扰不严重时，可选用Yy0接法的变压器。

三相负荷不平衡，造成中性线电流超过变压器低压绕组额定电流25%或供电系统中存在着较大的谐波源时，应选用Dyn11接法的变压器。

选用Dyn11接法的变压器时，高压侧不宜使用跌落式熔断器。

当供电容量较大或供电可靠性要求较高时，可用两台或多台变压器并联运行进行供电，但并联运行的变压器必须满足表4-10的相关条件。

表 4-10		变压器并联运行相关条件
序号	并列运行条件	技术要求
1	电压和变比相同	变压比差值不得超过 0.5%，调压范围与每级电压要相同
2	连接组别相同	包括连接方式、极性、相序都必须相同
3	短路电压（即阻抗电压）相等	短路电压值不得超过±10%
4	容量差别不宜过大	两变压器容量比不宜超过 3:1

（二）负载率的确定

配电变压器的容量应结合其负载率综合选定。配电变压器负载率是指配电变压器实际最大负荷与变压器额定容量的比值，它是衡量配电变压器运行效率和运行安全的重要指标，对变压器容量选择、台数确定和电网结构具有重要影响，计算公式为

$$k_{fz} = \frac{S_{max}}{S_e} \times 100\%$$

式中　k_{fz}——配电变压器的负载率；

　　　S_{max}——变压器的实际最大负荷，kVA；

　　　S_e——变压器的额定容量，kVA。

负载率是评估元件供电能力的重要指标。通常，在正常运行方式的最大负荷下，当配电变压器负载率低于 20%时称为轻载运行，设备利用率偏低；当配电变压器负载率高于 80%时称为重载运行，设备的运行风险增加。规划设计中，应尽可能改善配电变压器的轻载或重载情况，保持配电变压器能够长期运行在经济安全的状态。同样，对于中压线路以及 110kV、35kV 的变压器和线路，均可按照该方式分为轻载元件和重载元件，且应避免设备长期处于轻载或重载状态。

（三）容量的确定

1. 基本原则

应考虑电力用户用电设备安装容量、计算负荷，并结合用电特性、设备同时系数等因素后确定用电容量。对于用电季节性较强、负荷分散性大的中压电力用户，可通过增加变压器台数、降低单台容量来提高运行的灵活性，解决淡季和低谷负荷期间变压器经济运行的问题。

2. 配置方法

电力用户变压器容量的配置公式为

$$S = \frac{P_{js}}{\cos\varphi \times k_{fz}}$$

式中　S——变压器总容量确定参考值，kVA；

　　　$\cos\varphi$——功率因数；

　　　k_{fz}——所带配电变压器的负载率。

（1）普通电力用户变压器总容量配置。P_{js} 表示最大计算负荷，单路单台变压器供电时，负载率 k_{fz} 可按 70%～80%计算，双路双台变压器时，可按 50%～70%计算。

（2）重要电力用户和有足够备用容量要求的电力用户变压器容量配置。P_{js} 表示最大计算负荷，参照《无功补偿配置标准》部分中有关规定执行，功率因数取 0.95，k_{fz} 可按低于 50%计算。

（3）居民住宅小区变压器总容量配置。P_{js} 为住宅、公寓、配套公建等折算到配电变压器的用电负荷（kW），功率因数可取 0.95，负载率 k_{fz} 为所带配电变压器的负载率，配电室一般可取 50%～70%。

配电变压器容量的确定，应参照配电变压器容量序列向上取最相近容量的变压器，确定后按两台配置，一般公用配电室单台变压器容量不超过 1000kVA。

二、网络结构

（一）主要原则

（1）中压配电网应根据变电站位置、负荷密度和运行管理的需要，分成若干个相对独立的供电区。分区应有大致明确的供电范围，正常运行时一般不交叉、不重叠，分区的供电范围应随新增加的变电站及负荷的增长进行调整。

（2）对于供电可靠性要求较高的区域，还应加强中压主干线路之间的联络，在分区之间构建负荷转移通道。

（3）10kV 架空线路主干线应根据线路长度和负荷分布情况进行分段（一般不超过 5段），并装设分段开关，重要分支线路首端也可安装分段开关。

（4）10kV 电缆线路一般可采用环网结构，环网单元通过环进环出方式接入主干网。

（5）双射式、对射式可作为辐射状向单环式、双环式过渡的电网结构，适用于配电网发展的初期及过渡期。

（6）应根据城乡规划和电网规划，预留目标网架的通道，以满足配电网发展的需要。

（二）主要结构

1. 架空网结构

中压架空网的典型接线方式主要有辐射式、多分段单联络、多分段适度联络 3种类型。

（1）辐射式。辐射式接线简单清晰、运行方便、建设投资低。当线路或设备故障、检修时，电力用户停电范围大，但主干线可分为若干（一般 2～3）段，以缩小事故和检修停电范围；当电源故障时，则将导致整条线路停电，供电可靠性差，不满足"$N-1$"要求，但主干线正常运行时的负载率可达到 100%。有条件或必要时，可发展过渡为同站单联络或异站单联络。

架空线路辐射式接线示意图如图 4-9 所示。

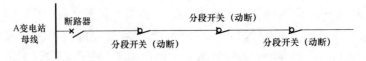

图 4-9 架空线路辐射式接线示意图

辐射式接线一般仅适用于负荷密度较低、电力用户负荷重要性一般、变电站布点稀疏的地区。

（2）多分段单联络。多分段单联络是通过一个联络开关，将来自不同变电站（开关站）的中压母线或相同变电站（开关站）不同中压母线的两条馈线连接起来。一般分为本变电站单联络和变电站间单联络两种，如图 4-10 所示。

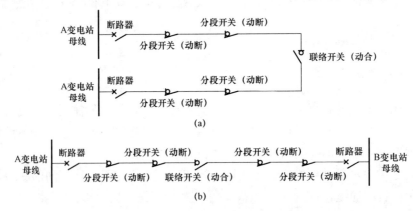

图 4-10 多分段单联络接线

(a) 同站多分段单联络接线示意图；(b) 站间多分段单联络接线示意图

多分段单联络结构中任何一个区段故障，闭合联络开关，将负荷转供到相邻馈线完成转供。满足"$N-1$"要求，主干线正常运行时的负载率仅为 50%。

多分段单联络结构的最大优点是可靠性比辐射式接线模式高，接线简单、运行比较灵活。线路故障或电源故障时，在线路负荷允许的条件下，可以通过切换操作可以使非故障段恢复供电，线路的备用容量为 50%。但由于考虑了线路的备用容量，线路投资比辐射式接线有所增加。

（3）多分段适度联络。

采用环网接线开环运行方式，分段与联络开关数量应根据电力用户数量、负荷密度、负荷性质、线路长度和环境等因素确定，一般将线路分 3 段、2～3 个联络开关，线路总装接容量宜控制在 12 000kVA 以内，专线宜控制在 16 000kVA 以内。

三分段两联络结构是通过两个联络开关，将变电站的一条馈线与来自不同变电站（开关站）或相同变电站不同母线的其他两条馈线连接起来。

三分段两联络结构最大的特点和优势是可以有效提高线路的负载率，降低不必要的备用容量。在满足"$N-1$"的前提下，主干线正常运行时的负载率最大可达到 67%，其示意图如图 4-11 所示。

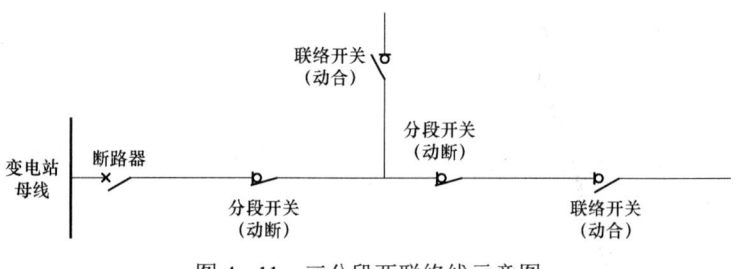

图 4-11　三分段两联络线示意图

三分段三联络是通过三个联络开关，将变电站的一条馈线与来自不同变电站或相同变电站不同母线的其他三条馈线连接起来，如图 4-12 所示。任何一个区段故障，均可通过联络开关将非故障段负荷转供到相邻线路。

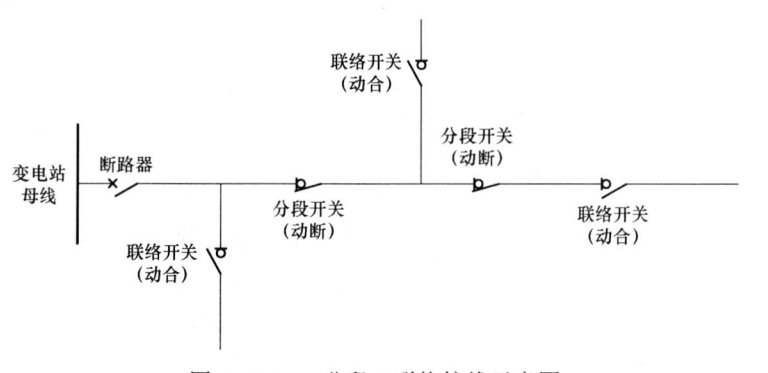

图 4-12　三分段三联络接线示意图

在满足"$N-1$"的前提下，主干线正常运行时的负载率可达到 75%。该接线结构适用于负荷密度较大，可靠性要求较高的区域。

2. 电缆网网架结构

中压电缆网的典型接线方式主要有单射式、双射式、对射式、单环式、双环式、N 供一备等 6 种。

（1）单射式。单射式是自一个变电站或一个开关站的一条中压母线引出一回线路，形成单射式接线方式，如图 4-13 所示。该接线方式不满足"$N-1$"要求，但主干线正常运行时的负载率可达到 100%。考虑到用户自然增长的增容需求，负载率一般控制在 80%。

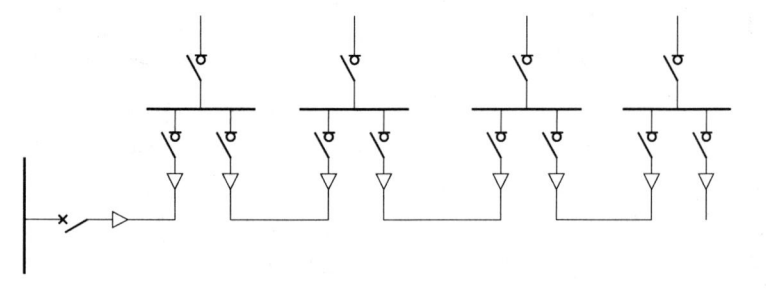

图 4-13　电缆线路单射式接线示意图

单射式是电网建设初期的一种过渡结构，可过渡到单环网、双环网或 N 供一备等接线方式，单射式电缆网的末端应临时接入其他电源，甚至附近的架空网，避免电缆故障造成停电时间过长。

（2）双射式。双射式接线是自一个变电站或一个开关站的不同中压母线引出双回线路，形成双射接线方式，或一个变电站和一个开闭所的任一段母线引出双回线路，公共配电室和电力用户则均为两路电源，形成双射接线方式，如图 4-14 所示。

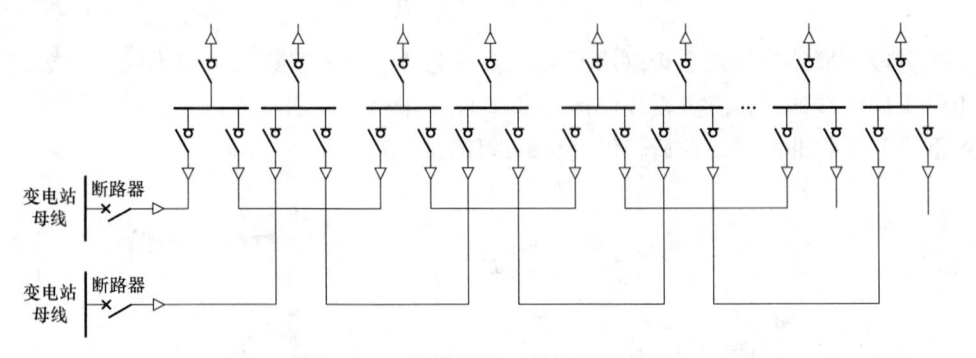

图 4-14 电缆线路双射接线示意图

双射式接线一般为双环式或 N 供一备接线方式的过渡方式。由于对电力用户采用双回路供电，一条电缆本体故障时，用户配电变压器可自动切换到另一条电缆上，因此电力用户能够满足 "$N-1$" 要求，但要求主干线正常运行时最大负载率不能大于 50%。双射式适用于对供电可靠性要求较高的普通电力用户，一般采用同一变电站不同母线引出双回电源。

（3）对射式。对射式接线是自不同方向的两个变电站（或两个开关站）的中压母线馈出单回线路组成对射接线，公共配电室和电力用户均为两路电源，如图 4-15 所示。

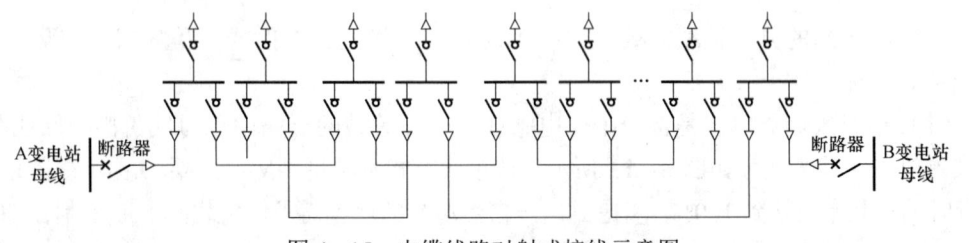

图 4-15 电缆线路对射式接线示意图

对射式接线与双射式接线相类似，为双环式或 N 供一备接线方式的过渡方式。由于对电力用户采用双回路供电，一条电缆故障时，电力用户配电变压器可自动切换到另一条电缆上，因此电力用户能够满足 "$N-1$" 要求，但要求主干线正常运行时最大负载率不能大于 50%。对射式接线除能够满足电力用户 "$N-1$" 的要求外，还能抵御变电站故障全停造成的风险。

（4）单环式。单环式是自两个变电站的中压母线（或一个变电站的不同中压母线）或两个开关站的中压母线（或一个开关站的不同中压母线）或同一供电区域一个变电站和一个开闭所的中压母线馈出单回线路构成单环网,开环运行,为公共配电室和电力用户提供一路电源,如图4-16所示。

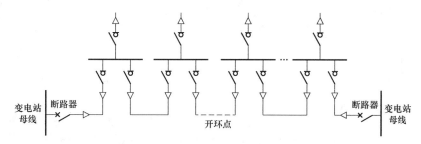

图4-16 电缆线路单环式接线示意图

单环式的环网节点一般为环网单元或开关站,与架空单联络相比具有明显的优势,由于各个环网点都有两个负荷开关(或断路器),可以隔离任意一段线路的故障,客户的停电时间大为缩短。同时,任何一个区段故障,闭合联络开关,可将负荷转供到相邻馈线。在这种接线模式中,线路的备用容量为50%。一般采用异站单环接线方式,不具备条件时采用同站不同母线单环接线方式。单环式接线主要适用于城市一般区域(可靠性要求一般的区域)。这种接线模式可以应用于电缆网络建设的初期阶段,对环网点处的环网开关考虑预留,随着电网的发展,通过在不同的环之间建立联络,就可以发展为更为复杂的接线模式(如双环式)。

通常,电缆网的故障概率非常低,修复时间却很长(通常在6h以上)。单环网可以在无须修复故障点的情况下,通过短时(人工操作的时间一般在30min内,配电自动化时间一般在5min内)的倒闸操作,实现对非故障区间负荷恢复供电。对于公共配电室和电力用户,单环网的可靠性较双射网、对射网下降幅度并不多,且以不同变电站为电源的单环网还能抵御变电站故障全停造成的风险。此外,单环网在带相同负荷时的配电网投资及变电站间隔占用率远低于双射网和对射网。

(5)双环式。双环式是自两个变电站(开关站)的不同段母线各引出一回线路或同一变电站的不同段母线各引出线路,构成双环式接线方式,双环式可以为公共配电室和电力用户提供两路电源。如果环网单元采用双母线不设分段开关的模式,双环网即是两个独立的单环网。

采用双环式结构的电网中可以串接多个开闭所,形成类似于架空线路的分段联络接线模式,使用这种接线时,当其中一条线路故障时,整条线路可以划分为若干部分被其余线路转供,供电可靠性较高,运行较为灵活。双环式可以使客户同时得到两个方向的电源,满足从上一级10kV线路到客户侧10kV配电变压器的整个网络的"$N-1$"要求,主干线正常运行时的负载率为50%~75%。双环式接线适用于城市核心区、繁华地区,重要电力用户供电以及负荷密度较高、可靠性要求较高的区域。

双环式结构具备了对射网、单环网的优点,供电可靠性水平较高,且能够抵御变电站故障全停造成的风险。双环网所带负荷与对射网、单环网基本相同,但间隔占用较多,电缆长度有所增加,投资相对较大。双环式接线如图4-17所示。

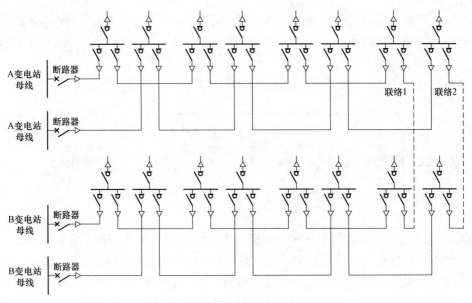

图 4-17　电缆线路双环式接线示意图

（6）N 供一备。N 供一备是指 N 条电缆线路连成电缆环网运行，另外 1 条线路作为公共备用线，如图 4-18 所示。非备用线路可满载运行，若有某 1 条运行线路出现故障，则可以通过切换将备用线路投入运行。

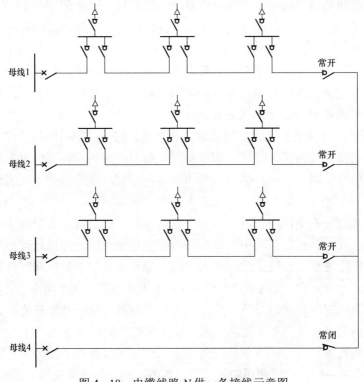

图 4-18　电缆线路 N 供一备接线示意图

N 供一备结构线路的利用率随着供电线路条数 N 值的不同，电网的运行灵活性、可靠性和线路的平均负载率均有所不同。虽然 N 越大，负载率越高，但是运行操作复杂，当 N 大于 4 时，接线结构比较复杂，操作繁琐，同时联络线的长度较长，投资较大，线路负载率提高的优势也不再明显。N 供一备接线方式适用于负荷密度较高、较大容量电力用户集中、可靠性要求较高的区域，建设备用线路也可作为完善现状网架的改造措施，用来缓解运行线路重载，以及增加不同方向的电源。

（三）不同类型城镇网架结构的选择

当中压配电网的上级电源发生变电站全停或同路径双电源同时故障时，中压电网结构的抵御能力如下：

（1）单电源网络无法抵御变电站全停故障。

（2）10kV 架空网为多分段单联络时，联络开关的另一电源与该架空网电源来自同一变电站时，变电站全停后无法恢复供电。联络开关的另一电源与该架空网电源来自不同变电站时，变电站全停后通过合入联络开关恢复供电。后者的风险明显小于前者。

（3）10kV 架空网为多分段适度联络时，联络开关的其他电源与该架空网电源来自同一变电站时，变电站全停后无法恢复供电。

（4）10kV 电缆双射网变电站全停后无法恢复供电。由于双射网的电缆绝大多数为同路径敷设，路径故障发生时，故障点前的负荷可以在隔离故障点后恢复供电，故障点后的负荷无法恢复供电。但对射网在变电站全停及路径故障后，全部负荷均可在隔离故障点后恢复供电。

（5）10kV 单环网具有与对射网相同的抗风险能力。双射网的抗风险能力与对射网、单环网相同。

通常，同一地区同类供电区域的电网结构应尽量统一，各类区域 10kV 配电网目标电网结构推荐表见表 4-11。

表 4-11　　　　　　　　　各类配电网推荐电网结构

区　域　类　型	推荐电网结构
工业主导型城镇：负荷密度高，对供电可靠性和电能质量有特殊要求的园区 商业贸易主导型城镇：商业金融核心区域（CBD） 旅游开发主导型城镇：大型城市旅游区	电缆网：双环式、单环式 架空网：多分段适度联络
工业主导型城镇：国家级或省级高新技术园区、城市工业集聚区或保税园区 商业贸易主导型城镇：区域性商务办公区和会展中心、大型商业市场区 旅游开发主导型城镇：小型城镇旅游区	电缆网：单环式 架空网：多分段适度联络
工业主导型城镇：一般制造产业园区 农业主导型城镇：农业加工区 各类城镇镇区	电缆网：单环式 架空网：多分段适度联络
旅游开发主导型城镇：独立风景区 农业主导型城镇：特色农业区	架空网：多分段适度联络、单辐射
非城市开发区域	架空网：单辐射

（四）目标网架过渡

中压配电网应根据地方经济发展对供电能力和供电可靠性的要求，通过电网建设和改造，逐步过渡到目标网架，发展过渡方式如图4-19所示。

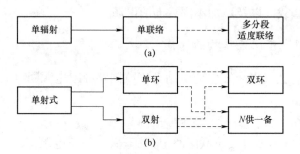

图4-19 发展过渡方式

（a）架空网结构发展过渡示意图；（b）电缆网结构发展过渡示意图

1. 架空网结构发展过渡

对于辐射式接线，在过渡期可采用首端联络以提高供电可靠性，条件具备时可过渡为变电站站内或变电站站间多分段适度联络。变电站站内单联络指由来自同一变电站的不同母线的两条线路末端联络，一般适用于电网建设初期，对供电可靠性有一定要求的区域。具备条件时，可过渡为来自不同变电站的线路末端联络，在技术上可行且改造费用低。

2. 电缆网结构发展过渡

（1）单射式。单射式在过渡期间可与架空线联络，以提高其供电可靠性，随着网络逐步加强，该接线方式需逐步演变为单环式接线，在技术上可行且改造费用低。大规模公用网，尤其是架空网逐步向电缆网过渡的区域，可以在规划中预先设计好接线模式及线路走廊。在实施中，先形成单环网，注意尽量保证线路上的负荷能够分布均匀，并在适当环网点处预留联络间隔。随负荷水平的不断提高，再按照规划逐步形成分段联络接线模式，满足供电要求。

（2）双射式。双射式在过渡期要做好反外力的措施，以提高其供电可靠性，有条件时可发展为对射式、双环式或N供一备，在技术上可行且改造费用较低。

三、供电安全标准

根据《城市电网供电安全标准》（DL/T 256—2012），中压配电线路的供电安全标准属于二级标准，对应的组负荷范围在2～12MW，其供电安全水平要求如下：

（1）对于停电范围在2～12MW的组负荷，其中不小于组负荷减2MW的负荷应在3h内恢复供电；余下的负荷允许故障修复后恢复供电，恢复供电的时间与故障修复时间相同。

（2）该级停电故障主要涉及中压线路故障，停电范围仅限于故障线路上的负荷，而该中压线路的非故障段应在 3h 内恢复供电，故障段所带负荷应小于 2MW，可在故障修复后恢复供电。

（3）工业主导型城镇：负荷密度高，对供电可靠性和电能质量有特殊要求的园区；商业贸易主导型城镇：商业金融核心区域（CBD）；旅游开发主导型城镇：大型城市旅游区的故障线路的非故障段应在 15min 内恢复供电。

（4）工业主导型城镇：国家级或省级高新技术园区、城市工业集聚区或保税园区；商业贸易主导型城镇：区域性商务办公区和会展中心、大型商业市场区；旅游开发主导型城镇：小型城镇旅游区的故障线路的非故障段应在 3h 内恢复供电。

（5）该级标准要求中压线路应合理分段，每段上的负荷不宜超过 2MW，且线路之间应建立适当的联络。提升中压配电网供电安全水平，可采用线路合理分段、适度联络，以及配电自动化、不间断电源、备用电源、不停电作业等技术手段。

四、电力线路

1. 导线选取原则

（1）10kV 配电网主干线截面宜综合饱和负荷状况、线路全寿命周期一次选定。

（2）在市区、城镇、林区、人群密集区域、线路走廊狭窄等地区，如架设常规裸导线与建筑物间的距离不能满足安全要求，宜采用架空绝缘线路。

（3）导线截面选择应系列化，同一规划区的主干线导线截面不宜超过 3 种。

（4）10kV 线路供电半径应满足末端电压质量的要求，选择原则参考表 4-12。

表 4-12 导 线 选 取 原 则

区 域 类 型	供电半径
工业主导型城镇：负荷密度高，对供电可靠性和电能质量有特殊要求的园区 商业贸易主导型城镇：商业金融核心区域（CBD） 旅游开发主导型城镇：大型城市旅游区	不宜超过 3km
工业主导型城镇：国家级或省级高新技术园区、城市工业集聚区或保税园区 商业贸易主导型城镇：区域性商务办公区和会展中心、大型商业市场区 旅游开发主导型城镇：小型城镇旅游区	不宜超过 3km
工业主导型城镇：一般制造产业园区 农业主导型城镇：农业加工区 各类城镇镇区	不宜超过 5km
旅游开发主导型城镇：独立风景区 农业主导型城镇：特色农业区	不宜超过 15km
非城市开发区域	根据需要经计算确定

2. 上下级协调原则

配电系统各级容量应保持协调一致，上一级主变压器容量与 10kV 出线间隔及线路导线截面应相互配合见表 4-13。

表 4-13 出线间隔与导线截面协调原则

110~35kV 主变容量（MVA）	10kV 出线间隔数	10kV 主干线截面（mm²）		10kV 分支线截面（mm²）	
		架空	电缆	架空	电缆
63	12 及以上	240、185	400、300	150、120	240、185
50、40	8~14	240、185、150	400、300、240	150、120、95	240、185、150
31.5	8~12	185、150	300、240	120、95	185、150
20	6~8	150、120	240、185	95、70	150、120
12.5、10、6.3	4~8	150、120、95	—	95、70、50	—
3.15、2	4~8	95、70	—	50	—

第五节　新型城镇配电网电力设施布局规划

一、变电设施布局

（一）变电站选址原则

（1）在考虑布局均衡的条件下尽量靠近负荷中心，且满足末端电压质量要求。

（2）符合城乡规划整体布局和电网发展的要求，使地区高压配电网网架结构整体布局合理。

（3）高、低压各侧进出线方便。

（4）占地面积应考虑最终规模要求。

（5）站址应具有良好的地质条件，满足防洪、抗震等有关要求。

（6）应满足环境保护的要求，充分考虑与周围环境的相互影响，避开易燃易爆及严重污染地区，避免或减轻对公用通信干扰和对景观及居住地的噪声影响。

（7）交通运输方便，考虑施工时设备材料、设备运输及运行、检修时交通方便。

（8）排水方便，施工条件方便。

（二）变电站布置方式的选择

按照建筑形式和电气设备布置方式，变电站分为户内、半户内（半户外）和户外三种。

（1）户内变电站。户内变电站的主变压器、配电装置均为户内布置，设备采用 GIS（SF_6 气体绝缘全封闭组合电器）型式。为了减少建筑面积和控制建筑高度，满足城市规划的要求，并与周边环境相协调，可以考虑采用户内变电站。根据情况可考虑采用紧凑型变电站，如有必要也可考虑与其他建筑物混合建设，或建设半地下、地下变电站；沿海或污秽严重地区，可采用全户内站。

（2）半户内变电站。半户内变电站的主变压器为户外布置，配电装置为户内布置。

这种布置方式结合了全户内布置变电站节约占地面积，与周围环境协调美观，设备运行条件好和户外布置变电站工程造价低廉的优点。

（3）户外变电站。户外变电站的主变压器、配电装置均为户外布置。设备占地面积较大，一般适合于建设在城市中心区以外的土地资源比较宽松的地方。

二、架空线路

（一）架空线路路径选择

1. 路径选择的基本原则

（1）选出的路径既要满足送电线路对周围建筑物间的距离要求，又要满足对通信线干扰影响等要求。

（2）线路路径原则上应与区域规划相结合，按远景规划一次选定，避免大拆大建，重复投资。道路和河道均要预留架空线走廊或电缆通道。

（3）线路路径坚持沿河、沿路、沿海的"三沿"原则，路径要短直；尽量减少同道路、河流、铁路等的交叉，尽量避免跨越建筑物，对架空电力线路跨越或接近建筑物的距离，应符合国家规范的安全要求。

2. 路径选择的基本步骤

输电线路的路径选择一般分两个阶段进行，即初勘选线和终勘选线。在规划阶段，一般采用初勘选线的结果。初勘选线有图上选线、收集资料和现场初勘三个阶段。

（1）图上选线。在大比例尺寸的地形图（1:50 000 或更大比例）上进行选线。在图上标出起、讫点、必经点，综合考虑各种条件，提出备选方案。

（2）收集资料。按图上选定的路径，向有关部门（邻近或交叉设施的主管部门）征求意见，签订协议。

（3）现场初勘。验证图上方案是否符合实际，对建筑物密集地段进行初测。这一过程中还要注意特殊杆位能否立杆。

（4）最后通过技术经济比较确定一个合理方案。

（二）架空线路架设方式选择

架设方式分为钢管杆、铁塔、水泥杆三种主要方式。

（1）钢管杆。钢管杆一般用于35kV、110kV电压等级架空线路，适用于城市高负荷密度地区、环境景观要求较高以及线路路径走廊十分困难的地区。在高负荷密度地区和变电站出口，10kV架空线路需要多回路并架时，也应选用钢管杆。

（2）铁塔。铁塔一般用于35kV、110kV电压等级架空线路，适用于对线路走廊无特殊要求的地区，应用最为广泛。

（3）水泥杆。水泥杆一般用于35kV、10kV及以下架空线路。10kV架空线路需要多回路并架时，不宜采用水泥杆。

（三）架空配电线路敷设的一般要求

（1）架空线路应沿道路平行敷设，宜避免通过各种起重机频繁活动地区和各种露天堆场。

（2）尽量减少与道路、铁路、河流、房屋以及其他架空线路的交叉跨越，不可避免的跨越点需适当提高建设标准。

（3）规划阶段，要充分考虑工程设计和施工阶段架空线路的导线与建筑物之间的距离、架空线路的导线与街道行道树间的距离。

（4）架空线路与铁路、道路、通航河流、管道、索道及各种架空线路交叉或接近时，规划阶段要充分考虑下一阶段设计的要求。

（5）架空线路下方为绿化树木时，绿化树木应为低矮型，架空线路增加杆塔高度，使导线对地距离大于 10m，减小树线矛盾。

三、电缆线路敷设

（一）电缆线路敷设方式

电缆线路敷设分为直埋、电缆沟、排管、隧道及水下五种主要方式。

（1）直埋。是最经济和简便的方式，适用于人行道、公园绿化地带及公共建筑间的边缘地带，同路径敷设电缆条数在 4 条及以下时宜优先采用此方式。

（2）电缆沟道敷设。适用电缆不能直接埋入地下且地面无机动负载的通道，电缆沟可根据实际情况按照双侧支架或单侧支架建设，电缆沟一般采用明沟盖板，当需要封闭时应考虑电缆敷设及管理的方便。沟道排水应顺畅、不积水。

（3）排管敷设。适用于地面有机动负载的通道。主干排管的内径不应少于 $150mm^2$。排管选用应满足散热及耐压要求，排管在地面有可能负重处应采取混凝土浇筑，通过道路时应采用镀锌钢管。

（4）隧道敷设。适用于变电站出线端及重要的市区街道、电缆条数多或各种电压等级电缆平行的地段。隧道应在变电站选址及建设时统一考虑。

（5）水下敷设。适用于无陆上通道或陆上通道经济性差的跨江、湖、海等情况。

（二）电缆线路敷设的一般要求

（1）电缆敷设方式应根据工程条件、环境特点和电缆类型、数量等因素，按照满足运行可靠、便于维护、技术经济合理的原则选择。

（2）电缆路径选择时，应充分考虑敷设转向时，电缆走廊构筑物允许的弯曲半径。新建电缆通道时，尽量利用道路两侧的绿化带或人行道，避免开挖机动车道影响交通。考虑到其他中低压线路的敷设，城市中心区内新建或改建的道路均应预留一定孔数的电缆通道。

（3）规划各电压等级电缆共用通道时，应充分考虑布置方式对资源占用以及散热对输送能力的影响。

（4）直埋敷设、排管敷设及电缆沟道敷设的电缆，在中间接头和终端接头处应考虑预留长度，隧道敷设的较长电缆也应考虑预留长度。

四、10kV 配电站

（一）配电室

带有低压负荷的室内配电场所称为配电室，主要为低压用户配送电能，设有中压进线（可有少量出线）、配电变压器和低压配电装置。

1. 配电室的建设要求

配电室适用于住宅群、市区，设置时应靠近负荷中心，宜采用高压供电到楼的方式。配电室的建设应符合以下要求：

（1）配电室一般独立建设。在繁华区和城市建设用地紧张地段，为减少占地及与周围建筑相协调，可结合开关站共同建设。

（2）配电变压器宜选用干式变压器，并采取屏蔽、减振、防潮措施。

（3）配电室原则上设置在地面以上，受条件所限必须进楼时，可设置在地下一层，但不宜设置在最底层，如果有负二层及以下，配电室设置于负一层；如果仅有负一层，配电室地面高度应比负一层地面高 1m 以上，没有公共排水设施的地下层内应建设专用排水设施，专用排水设施能够自动启动，故障时应报警。

（4）对于超高层住宅，为了确保供电半径符合要求，必要时配电室应分层设置，除底层、地下层外，可根据负荷分布分设在顶层、避难层、机房层等处。

（5）新建居住区配电室应根据规划负荷水平配套建设，按"小容量、多布点"的原则设置，不提倡大容量、集中供电方式，宜根据供电半径分散设置独立配电室。

2. 配电室的设置标准

（1）配电室一般配置双路电源，10kV 侧一般采用环网开关，220/380V 侧为单母线分段接线。变压器接线组别一般采用 Dyn11，单台容量不宜超过 1000kVA。

（2）小区居民住宅采用集中供电的配电室供电时，每个小区配电室供电的建筑面积不应超过 50 000m²。

（3）现有小区配电变压器应随负荷增长，向缩小低压供电半径的方向改造。当配电网需要新增配电变压器时，可用将电源线路破口或者自配电室引出线方式接入。

3. 配电室的设备配置

高压开关柜一般采用负荷开关柜或断路器柜，主变压器出线回路采用负荷开关加熔断器组合柜。380V 开关柜可采用固定式低压成套柜和抽屉式低压成套柜。配电室宜采用绝缘干式变压器，不宜采用非包封绝缘产品（独立户内式配电室可采用油浸式变压器；大楼建筑物非独立式站或地下式配电室内变压器应采用干式变压器）。

配电室应留有配网自动化接口。配网自动化装置具有电气量的转接功能，通过通信装置与中心站沟通，传送和执行负荷开关遥控、位置状态遥信、电流电压遥测的功能；

同时还可以传输辅助信号。

（二）10kV开关站

1. 开关站的功能

开关站是设有10kV配电进出线、对功率进行再分配的配电设施，实现对变电站母线的扩展和延伸。通过建设开关站，一方面能够解决变电站进出线间隔有限或进出线走廊受限的问题，发挥电源支撑的作用；另一方面能够解决变电站10kV出线开关数量不足的问题，充分利用电缆设备容量，减少相同路径的电缆条数，使馈电线路多分割、小区段，提高互供能力及供电可靠性，为客户提供可靠的电源。

在电缆网中，开关站作为辐射式网络的延伸，难以改变辐射式电缆网的可靠性偏低的问题，且开关站不能充分利用电缆设备容量，增加了相同路径的电缆条数，因此电缆网络应尽量避免建设开关站。

2. 开关站的设置标准

（1）开关站宜建于负荷中心区，一般配置双电源，分别取自不同变电站或同一座变电站的不同母线。

（2）开关站接线应简化，一般采用单母线分段接线，双路电源进线，一般馈电出线为6～12路，出线断路器带保护。

（3）开关站应按配电自动化要求设计并留有发展余地。

第五章

新型城镇配电网规划实例

第一节 工业主导型城镇实例分析

某镇行政区总面积 127.3km²，包括镇区和农村两部分。其中，镇区包括湿地新城（即现状中心镇区）、传统产业提升区（现状为腾云村）、新兴产业培育区（即现状镇南区）；农村包含 35 个行政村，下辖 656 个村民小组。

一、现状分析结论

典型实例区域内有 110kV 变电站 5 座，主变 11 台，总容量 520MVA；共有 10kV 线路 95 回，其中 10kV 公用线路 84 回。10kV 公用线路总长度为 605.61km，其中绝缘线路长度为 511.58km，电缆线路长度为 94.03km，现状高、中压地理接线如图 5-1 所示。

图 5-1 典型实例区域现状高、中压地理接线图

从电网结构、电网设备、供电能力、运行指标、用户接入、配套设施等方面对配电网进行汇总分析，找出现状配电网存在的问题，并分析其形成原因。

1. 电网结构

（1）存在 6 回单辐射线路，且联络、环网单元中存在不符合典型接线模式，主要有架空、电缆混合联络接线，同杆线路联络等。

（2）17 回线路分段数量和分段容量不合理。

（3）有效联络占比较低，虽然环网化率较高达到 92.86%，但是"$N-1$"通过率却较低，仅为 85.71%。

网架复杂，与 10kV 典型供电模式差距较大，也给运行管理等带来较大难度。

2. 装备水平

现状 84 回 10kV 公用线路中，根据导则要求有 48 回线路主干截面偏小。

典型实例区域内现状 84 回 10kV 公用线路中，共存在 9 回一级问题线路，48 回二级问题线路，20 回三级问题线路。

二、负荷预测结果

根据空间负荷预测结果，至远景年，典型实例区域预测总负荷为 339MW，负荷密度为 2.66MW/km²。其中典型实例区域中心镇区远景负荷为 121.13MW，占地负荷密度为 10.04MW/km²；传统产业提升区远景负荷为 31.07MW，占地负荷密度为 7.55MW/km²；新兴产业培育区远景负荷为 72.36MW，占地负荷密度为 7.75MW/km²；农村地区远景负荷为 114MW。

至 2020 年典型实例区域总负荷为 252.8MW，负荷密度为 1.99MW/km²。

三、规划目标

典型实例区域属工业主导型新型城镇，根据典型实例区域在市政规划中的定位，依据远景负荷密度，典型实例区域镇区（含中心镇区、传统产业提升区和新兴产业培育区）定为 B 类供区，农村区域为 C 类供区。以此为依据，确定典型实例区新型城镇化的总体规划目标为：在满足用电需求的基础上，以提高供电可靠性和供电质量为目标，提升发展理念，坚持统一规划、统一标准，建设与改造并举，按照差异化、标准化、适应性和协调性的原则，全面建设结构合理、技术先进、灵活可靠、经济高效的现代配电网。

（1）镇区供电可靠性指标远期达到 99.990% 以上，户均年平均停电时间小于 54min；其他供区供电可靠率大于 99.966%，户均年停电时间不高于 3h。

（2）镇区综合电压合格率指标远期达到 100%；其他供区电压合格率达到 99.70%。

四、规划方案

（一）高压供电电源规划方案

按一般制造产业园区主变压器的选择要求，确定典型实例 110kV 变电站远景变压器数量为 3 台，主变压器容量为 40MVA、50MVA。按负荷预测的结果，变电站分布主要位于镇区和工业区，共规划 110kV 变电站 7 座，总容量 970MVA，容载比为 2.27，满足实例区域负荷需求。近期变电站变压器数量为 2 台，主变压器容量与远景保持一致。

由表 5-1 可知，至远景年典型实例区域内变电容量较为充裕，区内容载比较合理，远景变电站布点及其供电范围如图 5-2 所示。

表 5-1　　　　　　　　典型实例区域变电站建设时序及容载比变化情况表　　　　　　单位：MVA

变电站名称	电压等级（kV）	性质	2015 年	2016 年	2017 年	2018 年	2019 年	2020 年	远景
变电站 A	110	现状	2×50	2×50	2×50	2×50	2×50	2×50	3×50
变电站 B	110	现状	2×50	2×50	2×50	2×50	2×50	2×50	3×50
变电站 C	110	现状	3×40	3×40	3×40	3×40	3×40	3×40	3×40
变电站 D	110	现状	2×50	2×50	2×50	2×50	2×50	2×50	3×50
变电站 E	110	现状	2×50	2×50	2×50	2×50	2×50	2×50	3×50
变电站 F	110	规划	—	—	—	—	—	—	3×50
变电站 G	110	区外 - 规划	—	—	—	—	—	2×50	3×50
容量总计			520	520	520	520	520	620	970
区内利用容量			520	520	520	520	520	570	770
负荷预测			231.4	238.2	242.6	247.2	250.3	252.8	339
容载比			2.25	2.18	2.14	2.10	2.08	2.25	2.27

图 5-2　远景变电站布点及其供电范围示意图

（二）中压配电网规划方案

1. 区域概况

区域概况：属于 B 类供电区；

区域面积：8.66km²；

主要用地性质：居住、商业、工业、发展备用；

存在的主要问题：10kV 线路重载 1 回（FM149 线）；单辐射线路 2 回（MX154 线、MS145 线）；不满足"$N-1$"校验 4 回（RQ7G1 线、MX154 线、MS145 线、JZ155 线）；10kV 线路装接容量大于 12MVA 3 回（TY147 线、MS145 线、JZ155 线）。

2. 远景目标网架规划方案

最大负荷：77.91MW（远景）；

负荷密度：9.00MW/km²；

组网模式：典型实例区域为一般制造产业园区，中压目标网架采用架空线多分段适度联络，以及电缆线路双环网、单环网等接线模式；

供电可靠率：99.9758%。

典型实例区域远景网架接线图如图 5-3 所示。

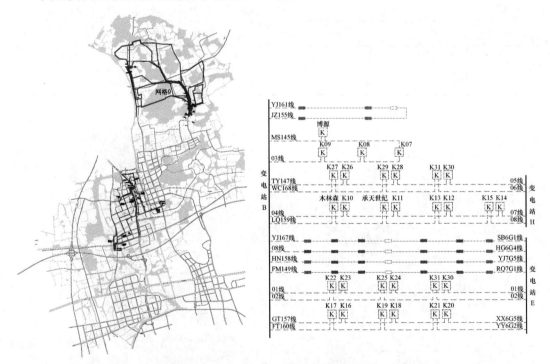

图 5-3　典型实例区域远景网架接线图

3. 近中期过渡规划方案

典型实例区域 2016～2020 年过渡方案。

供电电源：110kV 变电站 B、110kV 变电站 E；

最大负荷：65.26MW（现状）、68.96MW（2020年）；

负荷增长点：区域内近期在建或报装用户较多。工业用户主要有天之华喷织、兴磊纺织、建功纺织、龙泉铜业、本色亚麻纺织（原明效拍卖）等。其他用户主要有龙泽园房产、博源房产、木林森置业等。

建设标准：架空电缆混合电网，既有电缆单环网和双环网，又有架空分段联络接线；

过渡规划方案总体说明：通过110kV变电站E新建10kV出线逐步优化网络结构，满足该区域新增负荷；同时对现有10kV线路进行改造，提高负荷转移能力；

建设规模：新建电缆线路16.8km，新建开关站2座，环网单元4座，柱上开关1台；

建设投资：1473.22万元。

改造前及改造后地理接线图和拓扑图如图5-4和图5-5所示。

图5-4 改造前及改造后地理接线图

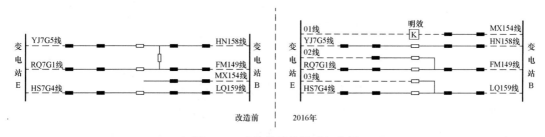

图5-5 改造前及改造后拓扑图

五、工程规模与投资估算

（一）工程规模

远景时，构建目标网架共需新建 10kV 电缆线路 116.57km，10kV 架空线路 163.84km，新建环网单元 76 座，新建柱上开关 115 台。中压配电网规划项目规模估算见表 5-2。

表 5-2　　　　　　　　　中压配电网规划项目规模估算

项　目	2016 年	2017 年	2018 年	2019 年	2020 年	远景	合计
新建电缆（km）	14.29	5.5	6.12	0	3.78	86.88	116.57
新建架空线（km）	36.75	3.62	13.59	2.06	9.17	98.65	163.84
新建环网单元（座）	5	2	3	0	0	66	76
新建柱上开关（台）	1	5	9	2	14	84	115

（二）配电网项目投资估算

根据配电网建设规模，对典型实例区域构建目标网架所需投资进行估算，估算结果见表 5-3。

表 5-3　　　　　　　　　中压配电网规划投资估算　　　　　　　　　单元：万元

项　目		2016 年	2017 年	2018 年	2019 年	2020 年	远景	合计
中压配电网	线路工程	2419	659	1156	82	745	12 634	17 695
	开关类工程	154	80	126	8	56	2316	2740
	配变工程	1014	800	900	500	500	3400	7114
低压工程		2464	1400	1260	840	700	4760	11 424
配电自动化工程		2592	461	410	200	163	4844	8670
合计		8643	3400	3852	1630	2163	27 954	47 643

由表 5-3 可知，典型实例区域为了构建目标网架，"十三五"期间共需投资 1.97 亿元，远景共计需投资约 4.76 亿元。

六、成效分析

（一）整体规划效果

远景共有 6 座 110kV 变电站向典型实例区域提供 10kV 电源。共有 10kV 出线 129回，构成电缆双环网 11 组，电缆单环网 1 组，多分段单联络 43 组。

典型实例区域远景规划后，中压平均线路长度由 3.83km 减为 3.69km，电缆化率和绝缘化率均为 100%，环网化率由 92.86% 提升到 100%，"N-1"通过率由 85.71% 提升到

100%。典型实例区域各项指标对比见表5-4。

表5-4 规划各项指标对比表

指标		现状	2016年	2017年	2018年	近期（2020年）	远景
地块面积（km²）		127.3	127.3	127.3	127.3	127.3	127.3
10kV总负荷（MW）		231.4	238.2	242.6	247.2	252.8	338.7
负荷密度（MW/km²）		1.82	1.87	1.91	1.94	1.99	2.66
公用线路回数		85	92	95	99	108	129
中压线路长度	架空线路（km）	511.58	548.33	560.4	573.73	584.96	683.61
	电缆线路（km）	94.03	108.32	117.23	121.81	125.59	212.47
中压平均主干线长度（km）		3.83	3.78	3.71	3.65	3.54	3.69
中压平均线路长度（km）		7.12	7.14	7.13	7.03	6.58	6.95
电缆化率（%）		15.53	16.50	17.30	17.51	17.68	23.71
绝缘化率（%）		100	100	100	100	100	100
环网化率（%）		92.86	92.39	94.74	100	100	100
"$N-1$"通过率（%）		85.71	90.22	92.63	100	100	100
中压线路平均负载率（%）		34.75	32.19	31.65	31.24	29.88	33.51

（二）供电能力规划效果

典型实例区域完成目标网络的建设后，各变电站的负荷均有所增长，变电站负荷分布在合理范围内，既满足了变电站运行的经济性又能保证一定的供电裕度，可为区域提供安全可靠的供电保证。

（三）运行指标规划效果

本次典型实例区域近期和远景可靠性计算结果见表5-5和表5-6，由表5-5中数据可知，近期WY片区供电可靠性为99.9417%，远景供电可靠性为99.9577%，基本满足该区域的规划要求。

表5-5 典型实例区域供电可靠性分析表

供电模式	近期线路回数	远景线路回数	理论可靠性（%）
辐射式			99.8847
多分段适度联络式	100	85	99.9372
多分段适度联络三双式			99.9653
单环式	8	2	99.9973
双环式		42	99.9973
双环三双式			99.9995

表 5－6	典型实例区域供电可靠性指标表	
实例区指标	近期指标	远景指标
供电可靠性（%）	99.9417	99.9577
平均停电时间（h）	5.11	3.71
电压合格率（%）	100	100

第二节　商业贸易型城镇实例分析

某商务区总面积约 40km²。典型实例区域内部，现状以农田水系为主，是紧邻中心城市的未开发地带。典型实例区域主要承担总部经济、商务会展、教育培训、交通枢纽和生态居住五大职能。

一、现状分析结论

1. 电网结构

（1）典型实例区域现状 26 回 10kV 公用线路中共有 1 回单辐射线路，环网化率为 96.15%。

（2）现状 26 回 10kV 公用线路中有 8 回不符合导则中规定线路的分段数量和分段容量要求，有 9 回线路装接容量超过了 12MVA。

（3）有效联络占比较低，虽然环网化率较高达到 96.15%，但是仍有 2 回线路不能通过 "$N-1$"，通过率仅为 88.46%。

2. 装备水平

（1）典型实例区域现状 10kV 电缆线路主干截面以 400mm² 和 300mm² 为主，架空线路主干截面主要以 185mm² 为主，26 回 10kV 公用线路中仅有 2 回线路主干截面不符合导则要求。

（2）典型实例区域 26 回 10kV 公用线路总长度为 259.75km，电缆长度为 177.10km，电缆化率为 68.18%，绝缘化率为 100%。

3. 供电能力

典型实例区域 26 回公用线路中，现状共有 2 回线路负载率大于 80%，重载，分别为园 547 线、卫生 542 线。

二、负荷预测结果

预测方法采用空间负荷预测法，典型实例区域内各分区用地性质差异较大，本次电力需求预测将分区分片进行。

FN 片区远景总负荷为 52.33MW，负荷密度为 11.62MW/km²。SY 片区远景总负荷为 50.91MW，负荷密度为 9.69MW/km²。GT 片区远景总负荷为 99.37MW，负荷密度为

16.37MW/km^2。生态休闲区远景总负荷为 4.07MW，负荷密度为 0.45MW/km^2。

各片区间最大负荷同时率考虑 0.9，规划远景年预测总负荷在 137.40～232.91MW，平均负荷密度为 5.53～9.33MW/km^2。本次规划中选取方案为远景负荷预测的最终方案，典型实例区域远景总负荷为 186.01MW，负荷密度为 7.48MW/km^2。

2018 年最大负荷约为 64.46MW，到 2020 年最高负荷达到 80.03MW。由于典型实例区域现状负荷基数较小，负荷增速较高，2016～2020 年年均增长率为 11.37%，随着典型实例区域开发成熟，负荷增长率趋于平缓，2020～2030 年年均增长率约 8.80%。

三、规划目标

根据浙江经济社会发展实际，按照《配电网规划设计技术导则》（Q/GDW 1738—2012）中的配电网供区划分标准，结合对典型实例区域负荷预测结果可知，典型实例区域属于 A 类供区，故典型实例区域配电网建设方案应参照 A 类供区相关原则。

根据典型实例区域定位，到远景年典型实例区域配电网主要技术经济指标应满足：

（1）中压线路联络化率达到 100%；

（2）配电网供电可靠率（RS3）不低于 99.998%；

（3）配电网综合电压合格率为 100%；

（4）配电自动化覆盖率达到 100%；

（5）低压供电半径满足相关导则要求，保证用户电压质量。

四、规划方案

（一）高压规划方案

1. 供电电源规划方案

根据相关电力布局规划结果，结合本次典型实例区域电力发展需求预测结果，在 2018 年典型实例区域新建一座 110kV 变电站 C，变电容量为 100MVA，至远景年新建一座 110kV 变电站 D，变电容量为 150MVA，扩建 2 座：110kV 变电站 A 和 110kV 变电站 C。典型实例区域内高压变电站建设见表 5—7。

表 5—7 典型实例区域极其周边高压变电站建设汇总表

变电站名称	电压等级（kV）	位置	2016 年	2017 年	2018 年	2019 年	2020 年	远景
变电站 A	110	区内	2×50	2×50	2×50	2×50	2×50	3×50
变电站 B	110	区外	2×40	2×40	2×40	2×40	2×40	2×40
变电站 C	110	区内	—	—	2×50	2×50	2×50	3×50
变电站 D	110	区内	—	—	—	—	—	3×50

典型实例区域远期高压站点图如图 5—6 所示：

图 5-6　典型实例区域及其周边远期高压站点图

从典型实例区域及其周边供电电源点建设与改造情况看，区域整体供电能力将有明显提升，具体体现在以下两个方面：

（1）变电站 C 的建设对支撑典型实例区域西部地区配电网发展起到至关重要的作用，进一步优化变电站 B 中压线路网架结构，提高中压线路"N-1"校验通过率，加强了变电站 B—变电站 C—变电站 A 高压网架支撑能力，同时也满足了榫李路两侧区域快速增长的负荷需求。

（2）新建的变电站 D 对典型实例区域东部地区高压供电能力提升作用明显，不仅可以缓解变电站 B 和变电站 E 供电压力之外，还能优化现有供电距离较长的跨区供电线路。

2020 年变电站供电范围划分。至 2020 年 3 座 110kV 变电站为典型实例区域内提供 10kV 电源，根据近期负荷分布情况，对典型实例区域各变电站供电范围进行划分，合理分配变电站负荷，控制变电站供电半径。各变电站供电范围划分情况如图 5-7 所示。

远期变电站供电范围划分。至远期 4 座 110kV 变电站为典型实例区域内提供 10kV 电源，根据远期负荷分布情况，对典型实例区域各变电站供电范围进行划分，合理分配变电站负荷，控制变电站供电半径。各变电站供电范围划分情况如图 5-8 所示。

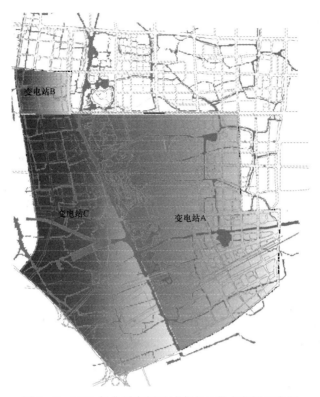

图 5-7 2020 年典型实例区域变电站供电范围示意图

图 5-8 远期典型实例区域变电站供电范围示意图

2. 线路规划方案

典型实例区域功能定位为长三角城市群国际商务中心的组成区，因此推荐规划110kV 线路均采用地下电缆线路。

（1）近期方案。典型实例区域内新建一座 110kV 变电站 C，主变压器 2 台。

一回进线电源 T 接至 220kV YY 变电站—110kV LQ 变电站线路；另一回进线电源来自 220kV YY 变电站。新建截面 630mm² 电缆线路长度约 3.59km。

（2）远期方案。典型实例区域内新建一座 110kV 变电站 D，主变压器 3 台。扩建变电站 C 和变电站 A 2 座变电站。

将 YT 线在适当处断开，变电站 D 新建双回 110kV 电缆沿 QF 路向北敷设至 CS 路，T 接至 YT 线，新建一回进线 T 接至 YY 线。共新建截面 630mm² 电缆线路长度约 5.25km。

变电站 A 新建一回电缆线路沿 SHN 路向东敷设，T 接至 220kV HH 变电站—110kV LX 变电站线路，共新建截面 630mm² 电缆线路长度约 2.01km。

变电站 C 新建一回电缆线路 T 接至 220kV YY 变电站—110kV LQ 变电站线路，共新建截面 630mm² 电缆线路长度约 0.12km。

（二）中压配电网规划方案

1. 远期环网室布点规划

在网络规划前，首先进行环网室布点规划，明确各分区环网室分布位置及供电区域，在此基础上进一步构建目标网架。典型实例区域全部采用电缆供电，供电模式为双环网，在本次规划过程中，环网室布置主要根据商务区总体规划中用地性质分布情况、道路河流分布情况以及配电网形成规划接线方式便利性的因素综合确定，根据空间负荷预测结果，至远期典型实例区域将新建环网室 49 座。SY 片区环网室布点如图 5-9 所示。

2. 典型实例区域远期目标网架构建说明

目标网架：根据目标网架规划结果可知，到 2030 年典型实例区域内共有 10kV 线路 22 回，电缆线路总长度 46.239km，平均长度约 2.11km，平均每回线路供电负荷约 2.31MW，至远期典型实例区域内共有 10kV 环网室 25 座，环网化率 100%，典型实例区域远期目标网架地理走向如图 5-10 所示。

3. 典型实例区域近期规划方案

2017～2020 年方案。110kV 变电站 A 新建 2 回电缆线路（SY07、SY08 线）沿道路敷设，依次环入网室。规划新建 10kV 电缆线路约 18.801km，新建 10kV 环网室 3 座，具体如图 5-11、图 5-12 所示。

图 5-9　远景年典型实例区域新建环网室布点图

图 5-10　典型实例区域远景目标网架规划方案

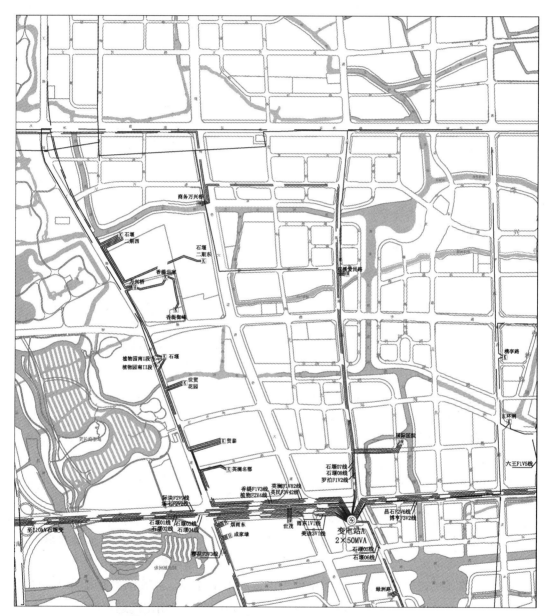

图 5-11 2017~2020 年典型实例区中压配电网过渡方案

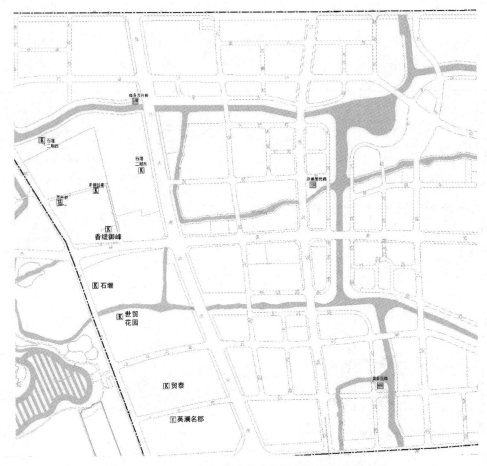

图 5-12　2017～2020 年典型实例区新建环网室布点图

五、电力通道规划

（一）电力排管敷设原则

电缆线路路径应考虑从电源点到受电点的电缆线路地下通道在技术上、经济上最合理的方案，不但要满足近期工程的需要，而且要符合城市和电力远景发展规划要求。电缆路径选择需考虑电缆安装方式、电缆的类型和路径的道路结构等方面。

在电网建设中需要根据城市电网中使用电缆的电压等级、容量和所供电用户的设备形式等要求，在城市配电网中逐步建成浅层与深层相结合的专用电缆通道网络。

经过技术经济比较后，可优先采用电缆排管或电缆隧道方式，结合电缆过路管、电缆桥等形成全部电缆通道网络化，并保证通道容量留有适当的裕度，以适应电网规划发展要求。

在建设电缆通道网络时，对电缆通道路径、通道出口、电缆通道埋设深度、电缆通道位置与其他各类管线的水平间距、垂直间距以及与建筑物、构筑物、树木等的间距应满足规程的规定。

现状电缆通道尽量不再重复开挖增补。现状单侧电缆通道的且预备孔数不足的，可考虑在道路另一侧敷设电缆，形成双侧电缆通道。

原则上考虑每条道路上均需设置电缆通道，在道路交叉口的四个方向均需设置过路通道，沿路每隔 120～160m 需设置一条过路通道，过路通道采用 PG－4 孔或 PG－6 孔。

纵向主次干路主要为配电网线路穿越通道，其规模控制在 PG－15 孔以上；其他支路主要为环网站的出线或配变出线预留，统一采用 PG－8 孔。

预留 2～4 孔左右的管孔做发展备用，预留 2 孔通信通道。结合高压线路走廊和通道，统筹考虑高中压的电缆通道需求。电缆在排管内从上到下的排列顺序应统一，可按下述方式：从高压到低压。从强电到弱电，从主回路到次要回路，从近处到远处。

除典型实例区域边界道路电缆布置在靠近负荷侧，一般情况下东西向道路，电缆通道置于道路南侧；南北向道路，电缆通道置于东侧。

（二）电缆线路孔数预留原则

考虑环网柜最大限度进出线情况下需要占用电缆孔数总结如下：

$$S=X+3D+4N+C$$

式中　X——单环网个数；

　　　D——单侧敷设取值 1、双侧敷设取值 2；

　　　N——环网柜出线同侧敷设取值 2，环网柜出线双侧敷设取值 1；

　　　C——通信预留孔数，通常 1～2 孔。

通过计算，沿道路规划一个单环网，采用单侧预留 2×4 或者 1×4，规划两个单环网，采用单侧预留 3×4 或者 2×4，规划三个单环网，单侧预留 3×4，支路主要为环网站的出线或配变出线预留 2×4 孔。通信电缆孔数量按电力电缆孔数的 1/3 配置。

（三）近期电缆通道规划

综合典型实例区域中压配电网规划结果和典型实例区域实际情况，未来典型实例区域电缆排管以 20 孔、12 孔、8 孔为主。典型实例区域近期电缆排管规划结果如图 5－13 所示（实线为现状排管，虚线为规划排管）。

根据电缆排管规划结果可知，至远期典型实例区域内新建电缆排管总长约 64.39km，其中 8 孔电缆排管 26.43km，12 孔电缆排管约 29.58km，20 孔电缆排管约 8.38km。

（四）远期电缆通道规划

在近期排管的基础上，典型实例区域远期电缆排管规划结果如图 5－14 所示（虚线为远期规划排管）。

图 5-13 典型实例区域近期电力排管图

图 5-14 典型实例区域远期电力排管图

六、工程规模与投资估算

（一）工程规模

远期构建目标网架共需新建 10kV 电缆线路 140.41km，新建环网室 49 座。中压配电网规划项目规模估算见表 5-8。

表 5-8 典型实例区域中压配电网规划项目规模估算

项　　目		2017~2020 年	远景	合计
新建电缆（km）		72.22	68.19	140.41
新建架空线（km）		—	—	—
新建环网室（座）		15	34	49
电缆排管	8 孔	3.94	21.92	25.86
	12 孔	6.96	22.25	29.21
	20 孔	7.32	4.62	11.94

（二）投资估算

根据配电网建设规模，对典型实例区域构建目标网架所需投资进行估算，估算结果见表 5-9。

表 5-9 典型实例区域中压配电网规划投资估算

项　　目		2017~2020 年	远景	合计
线路工程（万元）		7222	6819	14 041
环网室工程（万元）		1950	4420	6370
电缆排管（万元）	8 孔	1522.2	4160.25	5682.45
	12 孔	2742.75	5095.95	7838.7
	20 孔	1985.6	1073.1	3058.7
配电自动化工程（万元）		203.2	322.28	525.48
合计（万元）		15 625.75	21 890.58	37 516.33

由表 5-9 可知，至远景年共计需投资 37 516.33 万元，其中电缆排管投资 16 579.85 万元，配电自动化工程 525.48 万元；典型实例区域 2017~2020 年配电网建设共需投资 15 625.75 万元，其中电缆排管投资 6250.55 万元，配电自动化工程 203.2 万元。

七、成效分析

远景共有 6 座 110kV 变电站向典型实例区域提供 10kV 电源。共有 10kV 出线 67 回，构成电缆双环网 16 组，中压平均主干线长度为 2.81km，目标网架线路均能通过"$N-1$"校验分析，典型实例区域各项指标见表 5-10。

表 5-10　　　　　　　　　典型实例区域各项指标对比表

指　　标	现状	2020 年	远期
地块面积（km²）	24.86	24.86	24.86
10kV 总负荷（MW）	47.47	105.15	186.02
负荷密度（MW/km²）	1.91	4.21	7.45
公用线路回数	26	42	67
中压线路长度	78.32	134.84	188.27
中压平均主干线长度（km）	3.56	3.21	2.81
电缆化率（%）	58.2	92.32	100
绝缘化率（%）	100	100	100
环网化率（%）	100	100	100
"$N-1$" 通过率（%）	100	100	100
平均最大负载率（%）	46	24.16	30.22

本规划报告提出的 10kV 规划方案，是基于典型实例区域整体进行考虑，结合现状可用 110kV 供电电源、远景规划电源进行综合分析。至 2020 年，典型实例区域由 6 座 110kV 变电站向其供电，区域总体规划相关要求，各变电站供区划分明确，网架结构清晰，供电可靠性较高。

第三节　旅游开发型城镇实例分析

浙江某景区规划面积约为 567.20hm²，建设用地面积 547.90hm²。

功能定位：以铁路交通枢纽为核心，集旅游服务、商贸休闲、生活居住为一体的城市门户地区。

目标定位：规划应注重站前区建筑整体静态和风貌的塑造，体现人文特色，彰显旅游小城市特性，着力将其打造成为与风景区整体相协调的城市新区，使其成为旅游小城市的城市标志性地区。

一、现状分析结论

（一）配电网综合评估分析

1. 电网结构评估

典型实例区域现状共有 5 回 10kV 公用线路，均为辐射线路，电网结构不合理。

现状 10kV 线路平均分段数为 3.8 段，达到了 19 段。但有 1 条线路分段数在 3 个以下，另外部分线路分段装接容量不合理。

2. 装备水平评估

线路总长度为 101.14km，主干线路长度为 45.45km。

现状 10kV 架空主干截面主要以 185mm²、120mm²、70mm² 为主；10kV 电缆线路主干截面主要为 300mm²、240mm²。

典型实例区域线路电缆化率为 19.60%，架空线绝缘化率已达到 82.07%。

装接配电变压器容量超过 12 000kVA 的线路有 3 回，占公用线路总数的 60%。

3. 供电能力评估

典型实例区域平均供电半径为 4.81km，线路平均最高负载率为 58.74%，配变平均最高负载率为 56.04%，10kV 配电网供电能力基本满足地区负荷的需求。

（二）存在的主要问题

1. 上一级电源

向典型实例区域内提供电源的变电站 A 负载率为 56.32%，无法满足主变压器"$N-1$"校验（不考虑 10kV 配电网转移）。向典型实例区域内供电的高压配电变电站共有 10kV 出线间隔 8 个，已用 7 个，间隔利用率为 87.5%，预留间隔不足。

2. 电网结构

（1）区域内均为辐射线路，电网结构不合理。

（2）典型实例区域线路分段装接容量不甚合理。

3. 电网设备

（1）共 5 回线路的主干截面偏小，3 回线路主干均存在卡脖子现象。

（2）3 回线路装接容量均超过 12 000kVA，可见典型实例区域部分线路装接容量偏大。

4. 供电能力

典型实例区域线路平均最高负载率为 58.74%，从整体上来看，10kV 公用线路利用水平过高。

5. 问题等级汇总

根据对典型实例区域 10kV 电网综合评估，主要从电网结构、装备水平、运行水平、供电能力等方面进行分析，查找典型实例区域配电网存在的薄弱环节，并根据对电网安全可靠运行水平的影响，分轻重缓急，划分不同的等级，主要为一级问题、二级问题、三级问题。典型实例区域有 10 条线路存在一级问题。

二、负荷预测结果

典型实例区域远景总负荷约为 154.05～185.97MW，扣除山林、水域等无负荷区域的用地面积后，有效负荷密度为 10.90～13.16MW/km^2。

典型实例区域大部分区域尚未开发建设，负荷以商业行政办公、居住、文化娱乐等负荷为主，还有少量的工业负荷，该典型实例区域的负荷增长符合 E 型曲线增长规律。

根据其历史最大负荷数据，并结合典型实例区域近期地块开发情况，采用各种数学模型外推典型实例区域中间年的总负荷的发展情况。预测结果见表 5－11。

表 5－11　　　　　　　　典型实例区域中间年总负荷预测结果

年份	2014	2015	2016	2017	2018	2019	2020	"十三五" 年均增长率（%）
负荷（MW）	17.12	18.60	20.08	21.56	23.03	24.51	25.99	7.21

三、规划目标

1. 典型实例区域总体发展目标

以提高供电可靠性为目标，提升发展理念，坚持统一规划、统一标准，建设与改造并举，按照差异化、标准化、适应性和协调性的原则，全面建设结构合理、技术先进、灵活可靠、经济高效的现代配电网。

（1）可靠性指标远景达到 99.965% 以上，户均年停电时间不高于 3h；

（2）综合电压合格率指标远景达到 100%。

2. 配电网规划目标

（1）进一步改进 10kV 接线模式，使其典型化、标准化，优化网架结构，使分段联络更加合理，增强负荷转移能力，最终形成多分段适度联络为主，适度采用单、双环网的目标网架。

（2）通过 10kV 电网的建设，明确变电站的供电分区，合理控制变电站供电半径，解决交叉供电的现象。

四、规划方案

（一）高压供电电源规划方案

本次中压配电网上级电源规划参照相应城市规划的规划结果，需在典型实例区域内新建 2 座 110kV 变电站，即变电站 B 和变电站 C。需在典型实例区域外新建的 1 座 110kV 变电站向区域内提供部分电源，即变电站 D。远景高压变电站布点及供电范围如图 5－15 和图 5－16 所示。具体区内变电站建设时序见表 5－12。

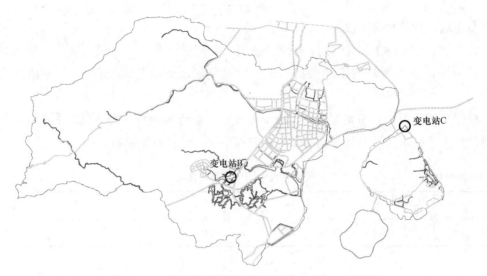

图 5-15　典型实例区域远景高压变电站布点示意图

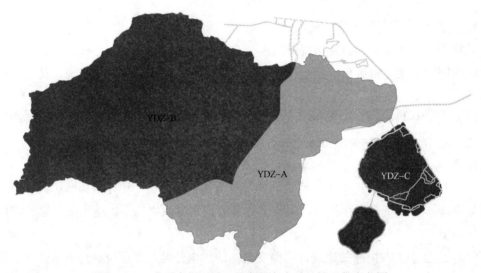

图 5-16　典型实例区域远景高压变电站站址及供电范围

表 5-12　　　　　　　　　　　典型实例区域变电站建设时序表

序号	变电站名称	2014 年	2015 年	2016 年	2017 年	2018 年	2019 年	2020 年	远景年	备注
1	变电站 B					2×50	2×50	2×50	3×50	区内
2	变电站 C								3×50	区内

（二）中压配电网规划方案

至远景，随着变电站布点的增多，整体电网布局将发生变化，增加站与站之间的联络，以加强变电站之间的负荷转移能力。至远期典型实例区域共有 10kV 线路 35 回，架空多分段单联络 8 组，架空多分段单联络 19 组。

以 YDPQ-A 用电单元为例。

1. 远景目标网架规划方案

供电电源：变电站 B。

最大负荷：101.95MW（2030 年）。

负荷密度：4.00MW/km^2。

组网模式：架空线多分段单联络。

目标网架简介：至远景规划供电线路 30 回，其中 2 回专线，形成架空线多分段单联络 14 组，线路平均负荷 3.40MW，线路平均供电半径 3.11km。

供电可靠性：99.9372%。

远景目标网架地理图及拓扑图如图 5-17 所示。

2. 近中期规划方案

区域概况：该区域属 D 类供电区域。区域面积为 25.51km^2，区域内现状以居住/公建用地为主，近期地块将全面进行建设。

供电电源：变电站 A。

最大负荷：9.26MW（2014 年），17.08MW（2020 年），负荷增长约 10.74%。

负荷增长点：主要考虑新开发区域的负荷增长。

现状主要问题：一级问题，向区域供电的四回线路，绝大多数存在一级问题；二级问题，装接容量过大、线路分段及分段装接不合理。

建设标准：以架空网络为主，干线采用 JKLYJ-240，组网方式架空网多分段单联络接线。

过渡规划方案总体说明：解决一级问题，新建出线割接现有线路负荷，优化线路供电范围，增加联络；解决二级问题，新建出线割接现有线路负荷，增加联络，增加线路分段；满足此区域新增负荷。

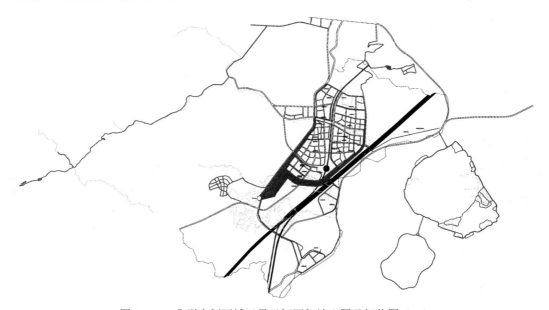

图 5-17　典型实例区域远景目标网架地理图及拓扑图（一）

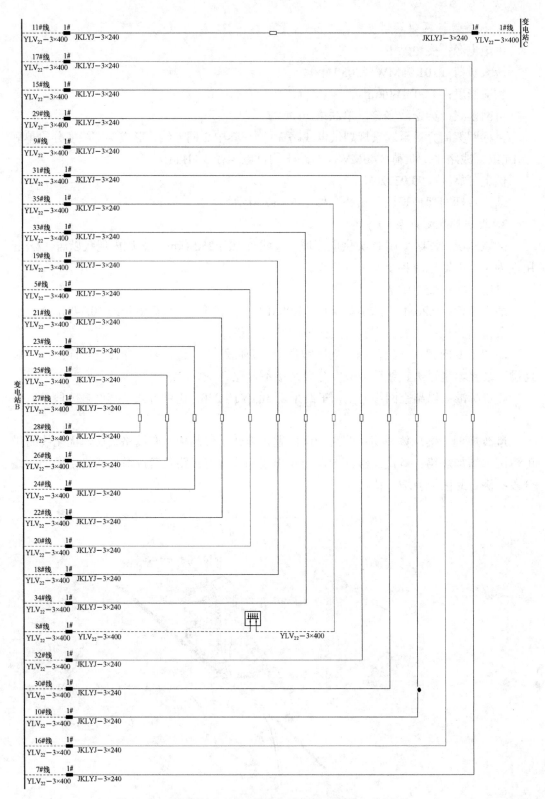

图 5-17 典型实例区域远景目标网架地理图及拓扑图（二）

建设规模：新建电缆线路 8.88km，新建架空该线路 25.17km，新建柱上开关 22 台。

建设投资：1888.46 万元。

近中期规划方案明细见表 5－13。

表 5－13　　　　　　　　　典型实例区域近中期规划方案明细表

序号	供电区域分类	工程名称	建设性质	电压等级（kV）	中压线路			中压开关			总投资（万元）	投运时间（年）
					架空长度（km）	电缆长度（km）	无功补偿容量（kvar）	开关站（座）	环网站总数（座）	柱上开关总数（台）		
1	D	YD747 号线新建工程	解决设备重载过载	10		0.05				2	9	2015
2	D	BX3 号、9 号、10 号线新建工程	满足新增负荷	10	14.2	2.88				10	847.6	2018
3	D	BX5 号、8 号、11 号线新建工程	解决设备重载过载	10	9.42	2.52				6	621.96	2018
4	D	BX4 号、7 号新建工程	解决设备重载过载	10		0.3				2	34	2018
5	D	BX6 号、12 号新建工程	配网切改	10	1.55	3.13				2	375.9	2018

具体方案实例如下：

（1）工程名称：YD747 号线新建工程。

建设目的：解决 LY745 线重载问题。

工程说明：新出 YD747 号线割接 LY745 线 1 号杆分支。

建设规模：新建电缆线路 0.05km，柱上开关 2 个。

建设时间：2015 年。

建设投资：9 万元。

（2）工程名称：BX3 号、9 号、10 号线新建工程。

建设目的：满足新增负荷。

工程说明：新出 BX3 号、9 号、10 号线 3 回线路向北架设，9 号线、10 号线满足工业区新增负荷，3 号线作为 YD 开关站一路进线电源。

建设规模：新建电缆线路 2.88km，架空线路 14.2km，柱上开关 8 个。

建设时间：2018 年。

建设投资：847.6 万元。

改造前与改造后地理图如图 5－18 所示。

典型实例区域改造前与改造后拓扑图如图 5－19 所示。

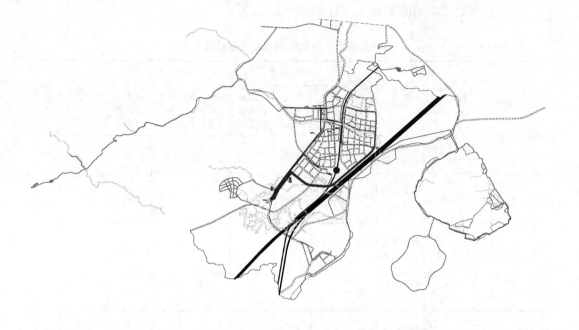

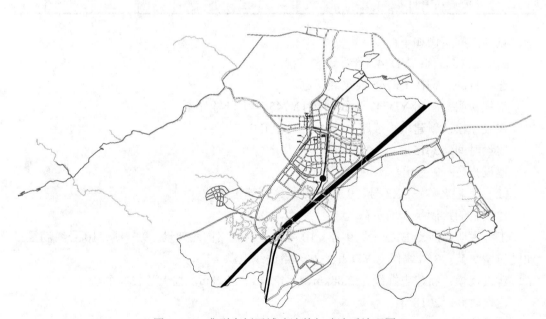

图 5-18　典型实例区域改造前与改造后地理图

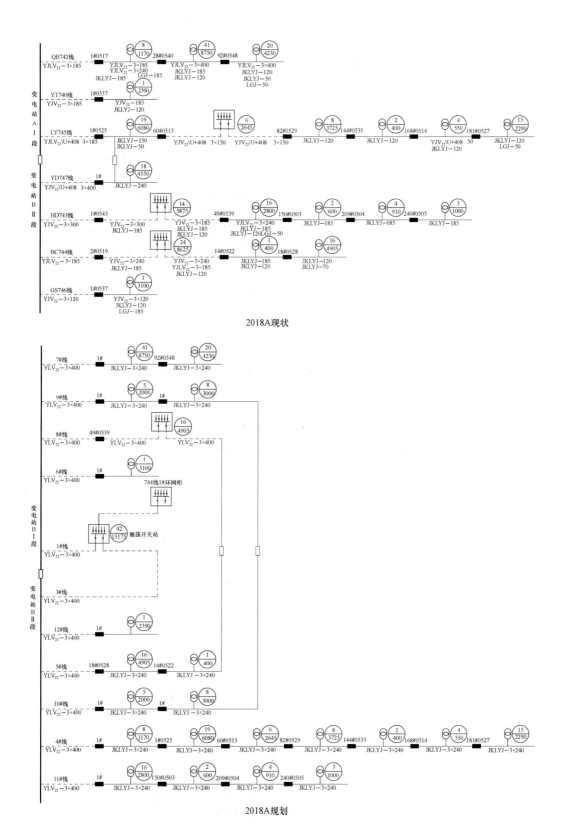

图 5-19 典型实例区域改造前与改造后拓扑图

五、工程规模与投资估算

（一）工程规模

至远景，构建目标网架共需新建、改造 10kV 电缆线路 54.11km，新建 10kV 架空线路 22.72km，新增 10kV 环网单元 52 座，近远期中压配电网规划项目规模估算见表 5-14。

表 5-14　　　　　　　　　近远期中压配电网规划项目规模估算

电压等级	项　　目	2015 年	2016 年	2017 年	2018 年	2019 年	2020 年	远景	合计
10kV	新建电缆（km）	0.05	0	0	13.7	0	0	168.75	182.5
	新建架空线（km）	0	0	0	25.74	0	0	26.58	52.32
	新建环网单元（座）	0	0	0	0	0	0	0	0
	新建柱上开关（台）	2	0	0	22	0	0	90	114
	配电变压器（台）	10	10	10	10	10	7	642	699
低压电网	低压线路（km）	15	15	15	15	15	10.5	963	1048.5
	新增户数（户）	1200	1200	1200	1200	1200	840	77 040	83 880

（二）配电网项目投资估算

根据配电网建设规模，对典型实例区域构建目标网架所需投资进行估算，估算结果见表 5-15。

表 5-15　　　　　　　　　近远期中压配电网规划投资估算　　　　　　　　单位：万元

项　　目		2015 年	2016 年	2017 年	2018 年	2019 年	2020 年	远景	合计
中压配电网	线路工程	5	0	0	2348.12	0	0	17 885.04	20 238.16
	开关类工程	4	0	0	44	0	0	180	228
	配变工程	150	150	150	150	150	105	9630	10 485
低压工程		600	600	600	600	600	420	38 520	41 940
合计		759	750	750	3142.12	750	525	66 215.04	72 891.16

由表 5-15 可知，典型实例区域为了构建近期目标网架，共需投资约 72 891.16 万元。

六、成效分析

（一）整体规划效果

典型实例区域远景共有 2 座 110kV 变电站向区内供电，分别为变电站 B、变电站 C，共有 10kV 出线 53 回（其中两回专用），构成单环网 8 组，架空线多分段单联络 16 组，辐射式接线 3 条。

典型实例区域远景规划后，各项指标得到了明显的提升，具体各项指标见表 5-16。

表 5-16 典型实例区域整体规划效果

指 标		现状	近期（2020年）	远景
地块面积（km²）		14.13	14.13	14.13
10kV 总负荷（MW）		17.12	25.99	185.97
负荷密度（MW/km²）		1.21	1.84	13.16
公用线路回数		5	10	51
环网站		2	2	34
中压线路长度	架空线路（km）	81.32	127.652	175.496
	电缆线路（km）	19.82	44.57	348.32
中压平均主干线长度（km）		9.09	4.04	5.50
中压平均线路长度（km）		20.23	17.22	10.27
电缆化率（%）		19.60	25.88	66.50
绝缘化率（%）		82.06	100	100
环网化率（%）		0	0	0
"$N-1$" 通过率（%）		0	83.33	94.12
中压线路平均负载率（%）		76.82	39.49	44.32

（二）供电能力规划效果

典型实例区域完成目标网络的建设后，110kV 变电站负荷可控在合理范围内，变电站供电范围更加合理，电站负荷分布在合理范围内，变电站之间的联络加强，变电站可通过 10kV 电网转移负荷。10kV 线路负载情况良好，10kV 线路在满足周边负荷需求的基础上，预留一定的容量空间，使得变电站故障时可通过 10kV 电网转移负荷。

（三）运行指标规划效果

经过典型实例区域配电网的优化，对区域内变电站供区交叉的情况进行了梳理，解决了变电站供区交叉的现象。10kV 网架清晰合理，供电可靠性指标得到大幅提升。

第四节 特色农业型城镇实例分析

某特色农业城镇地处长江三角洲平原，境内地势平坦，河港纵横交叉，道路四通八达，自然条件较为优越。属北亚热带季风性湿润气候，四季分明，温暖湿润，雨量充沛。

镇域现状是一种集中布局的模式，河网密布，农田面广，产业结构趋同现象严重，但工业和村落却呈现小规模分散布局的模式。土地使用和空间布局形态方面，主要体现出以下特点：具有明显的江南水乡古镇特征；工业用地分布较分散，在镇域的各个方向；

生态卫生环境质量较好；沿公路和河道的两种发展态势并存。

未来城镇将形成一个镇区、一个社区和一个现代农业园区管理中心的"一主二副"式组团布局结构，以交通干道、自然河流、片林带为发展轴线，区内各个组团的功能分工更加明确，关系更加协调。

一、现状电源条件

典型实例镇区中现有 35kV 变电站一座，主变压器为 2×10MVA，位于金张公路西侧，远期不能增容，两回进线来自同一 220kV 变电站。

某社区中现有 35kV 变电站 1 座，主变压器为 2×20MVA，远期可以增容为 3 台主变压器，一回进线电源来自某 220kV 变电站，另一回进线来自某 110kV 变电站。

二、负荷预测结果

采用负荷密度指标法对镇域进行远期负荷预测，并对镇域各功能区的负荷密度指标做出分析，得出镇域远期负荷预测结果为 158.28～184.96MW，负荷密度为 2.64～3.08MW/km^2，典型实例镇域远期负荷预测结果见表 5-17 和表 5-18。

表 5-17 典型实例镇域远期负荷预测结果

功能块		用地面积（km^2）	负荷密度（MW/km^2）		负荷结果（MW）	
			低方案	高方案	低方案	高方案
镇区 A		2.28	17.61	19.20	40.23	43.86
镇区 B		1.17	11.77	13.24	13.77	15.49
整合工业	镇区 A	0.2	10	12	2.00	2.40
	镇区 B	1.07	10	12	10.70	12.84
对外交通用地		3.48	6	8	20.88	27.84
外围居住		0.87	10	12	8.70	10.44
储备用地		1.11	10	12	11.10	13.32
中心村		1.45	5	6	7.25	8.70
生态结构绿地及农田		32.26	0.1	0.1	3.23	3.23
骨干水域		11.63	—	—	—	—
中部工业园区		4.48	13	15	58.01	67.39

表 5-18 典型实例镇域远期负荷预测结果汇总

负荷预测结果	低方案	高方案
总面积 km^2	60	
总负荷（计同时率 0.9，MW）	158.28	184.96
负荷密度（MW/km^2）	2.64	3.08

三、规划目标

（一）高压配电网络规划原则及要求

（1）电网规划的编制，应从调查研究现有电网入手，分析在社会主义市场经济条件下负荷增长的规律，解决电网的薄弱环节，优化电网结构，提高电网的供电能力和适应性；做到近期与远期相衔接，新建和改造相结合以及实现电网接线规范化和设施标准化；在电网运行安全可靠和保证电能质量的前提下，达到电网发展、技术领先、装备先进和经济合理的目标。

（2）各级电压变电总容量与用电总负荷之间，输、变、配电设施容量之间、有功和无功容量之间比例协调、经济合理。电网结构应贯彻分层分区的原则，简化网络接线，做到调度灵活，便于事故处理，降低出现电网大面积停电事故的可能性。

（3）架空和电缆线路的设计及杆塔选型应充分考虑减少线路走廊占地面积，优先采用大截面耐热导线，适当采用多回路和紧凑型线路，并应做好和加强电缆通道和管线的规划。

（4）供电系统用户供电可靠率≥99.90%（全口径），城市电网供电可靠率≥99.99%，对35kV及以上变电站的进线回路应按"$N-1$"校验准则进行规划设计，35kV及以上变电站中失去任何一回进线时，必须保证向下一级电网的供电。35kV及以上电业变电站的电源应达到双电源及以上的要求。

（5）频率偏差的允许值为±0.2Hz；小系统运行时，偏差值可放宽到±0.5Hz；电网的频率偏差应满足《电力系统频率允许偏差》（GB/T 15945—1995）的规定。为保证各类用户受电端的电压质量，应满足《电能质量供电电压允许偏差》（GB/T 12325—1990）的规定，在规划设计时必须对潮流和电压水平进行核算，35kV、110kV系统电压允许偏差值的范围为−3%～+7%。控制高压配电网线损为最低，35kV、110kV系统短路电流小于25kA。

（6）110kV及以上中性点有效接地系统单芯电缆的电缆终端金属护层，应通过接地闸刀直接与变电站接地网连接接地。35kV和10kV三芯电缆的电缆终端金属护层应直接与变电站接地网连接接地。

（7）架空线路。架空线路应根据城市地形、地貌特点和城市道路规划要求，沿道路、河渠、绿化带架设。路径选择应做到：短捷、顺直、减少与河渠、道路、铁路的交叉。对35kV及以上高压线路应规划专用线路走廊、排管或通道。

电力线路可合杆架设，做到"一杆多用"（含通信线等）和"一杆多回路"，架空线路在规划设计时，应满足导线与树木及建筑物之间的安全距离。当与线路走廊的安全距离发生矛盾时，应通过规划、电力、绿化等部门协调解决。

35kV及以上的新建架空线路应全线架设架空地线。35kV及110kV架空线宜选用钢芯铝线（LGJ）、铝线（LJ）。

（8）电缆线路。地下电缆线路敷设方式主要有直埋敷设、沟槽敷设、排管敷设等。35kV及以上电缆不宜采用直埋敷设。

电缆线路通过桥梁，但应满足防火等有关技术条件的要求。同一路段上的各级电压电缆线路，应同沟敷设。通信及导引电缆应敷设在排管中间余孔或通信专用孔中。城市地下电缆线路路径应与城市其他地下管线统一规划，变电站出口进出线的通道，应按最终规模一次实施。

导线截面的选择：110kV 电缆选用 $1\times400mm^2$，$1\times630mm^2$，$3\times400mm^2$；35kV 电缆选用 $3\times240mm^2$，$3\times400mm^2$，$1\times630mm^2$。电缆排管孔径为 150mm 应于电缆外径 120mm 及以下时使用，175mm 应于电缆外径 140mm 及以下时使用。

根据相关技术原则的规定，规划 35/110kV 变电站的用地面积以 60m×40m 控制（包括消防通道），与周边建筑之间保持 15m 以上的距离。对于道路拐角处的变电站，应考虑如图 5－20 所示的要求。

其中 A 点为两道路红线切线延长线的交点，B、C 两点为切点，O 点为拐角弧形圆心。要求变电站建筑到 BC 连线的最小距离不能小于 5m。

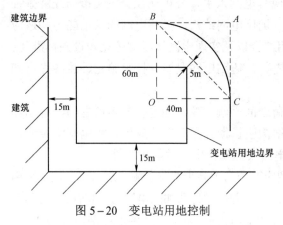

图 5－20　变电站用地控制

（二）中压配电网规划的基本原则

（1）电网规划应从调查研究现有电网入手，解决电网的薄弱环节，优化电网结构，提高电网的供电能力和适应性；做到近期与远期相衔接，新建和改造相结合以及实现电网接线规范化和设施标准化；在电网运行安全可靠和保证电能质量的前提下，达到电网发展、技术领先、装备先进和经济合理的目标。

（2）供电可靠性的要求：供电系统用户供电可靠率≥99.90%（全口径），城市电网供电可靠率≥99.99%。

（3）电网均应严格按照计划检修情况下的"N－1"准则保证电网的安全性。正常方式和计划检修方式下，电网任一元件发生单一故障时，不应导致主系统非同步运行，不应发生频率崩溃和电压崩溃。任一电压等级的元件发生故障时，不应影响其上级电源的安全性。

（4）10kV 配电网应有较强的适应性，主干网导线截面应按配网中长期规划一次建成。10kV 配电网供电半径（至建筑物进户点）中心城区≤1.5km；城市化地区≤2km。10kV 多回出线组成若干个相对独立的、供电范围不交叉重叠片状分区配电网。

（5）可视用户需求采用 10kV 专线及非专线供电，不带负荷的 10kV 专用联络线和备用的用户专线应严格控制，以节约走廊和提高线路负荷率。在负荷发展不能满足用户需要时，可增加新的馈入点或插入新的配电设施，而配电网结构基本不变。

（6）无功补偿设备的配置应按照"分级补偿，就地平衡"的原则进行规划，并采取电业部门补偿与用户补偿相结合，分散补偿与集中补偿相结合方式。35kV 变电站的 10kV 侧出线功率因数应补偿到 0.90～0.95，10kV 配电站的低压侧功率因数应补偿到 0.85～0.95。

（7）系统频率偏差的允许值为±0.2Hz，小系统运行时偏差值可放宽到±0.5Hz，电网的频率偏差应满足《电力系统频率允许偏差》（GB/T 15945—2008）的规定。为保证各类用户受电端的电压质量，应满足《电能质量 供电电压允许偏差》（GB/T 12325—2008）的规定，在规划设计时必须对潮流和电压水平进行核算，10kV 电网电压允许偏差为−7%～+7%。控制 10kV 配电网线损为最低、短路电流＜16kA。

（8）10kV 电缆线路可采用直埋和排管两种方式。10kV 重要进线电缆不宜采用直埋敷设、当敷设电缆数量较多或有机动车等重载地段采用排管。城市地下电缆线路路径应与城市其他地下管线统一规划，变电站出口进出线的通道，应按最终规模一次实施。

（9）变电站 10kV 系统单段供电母线接地容性电流超过 100A 时宜采用小电阻接地方式，接地容性电流在 10～100A 宜采用消弧线圈自动补偿接地方式，接地容性电流小于 10A 时可采用不接地系统。10kV 电力设备接地，接地电阻 $R \leqslant 1\Omega$。10kV 中性点经小电阻接地系统的电力设备，应达到入地短路电流值为 1000A 的要求。10kV 三芯电缆的电缆终端金属护层应直接与变电站接地网连接接地。

四、规划方案

（一）高压供电电源规划方案

根据典型实例区域远期负荷预测结果和高压配电变电站规划方案，提出镇域远期高压配电网络规划方案。

典型实例区域镇域共设 35kV 变电站 6 座，35kV 变电站进线分别来自 3 座 220kV 变电站，进线采用同电源不同母线（或不同电源）辐射接线模式，各 35kV 变电站的进线至少有一回来自不同的高压送电变电站。共敷设架空线 73.95km，其中 LGJ−185mm² 架空线 36.7km，LGJ−240mm² 架空线 37.25km；共敷设电缆 37.7km，其中 YJV−3×400mm² 电缆 18.94km，YJV−1×630mm² 电缆 18.76km，典型实例区域远期高压配电网地理接线图如图 5−21 所示。

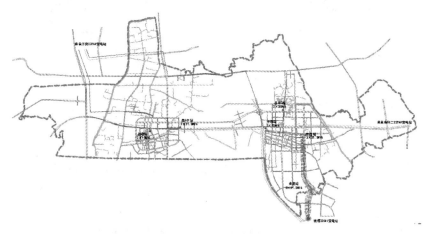

图 5−21　典型实例区域远期高压配电网地理接线图

（二）中压配电网规划方案

1. 规划思路

分析整个典型实例区域的原始资料，有以下几个特点：

（1）典型实例镇区有详细控制性规划，但没有地块内建筑布置和单体建筑的建筑面积。

（2）干巷社区无控制性详规。

（3）由于典型实例区域中将中部工业区划分开，而金山中部工业园区已经作为一个整体单独进行过远期中压配电网络规划，此部分将不再进行中压配电网络规划。

综上所述，无法对全区 10kV 配电网络进行详细规划和分析。根据典型实例区域现状情况和相关政府部门建议，典型实例镇区和邻近社区远期中压采用全电缆结构，因此本次 10kV 配电网规划主要内容为分别确定这两功能块中 10kV 的开关站数量、站址和电缆线路的主干网架，其他功能区将不做远期中压配电网络规划。

2. 典型实例区域区及干巷社区 10kV 主干网方案

典型实例镇区远期共设置开关站 9 座，每座开关站的两回进线根据实际情况，可来自同一座 35kV 变电站的不同母线或两座不同的 35kV 变电站，以便于设备故障时负荷的转供。开关站进线采用 YJV－3×400mm² 电缆，总电缆长度约为 13.83km。干巷社区远期共设置 3 座开关站，总电缆长度约为 8.12km。

由于开关站的设置情况与各地块内建筑布置、开发商的数量、建设开发的进度等诸多因素有关，为使开关站设置和远期 10kV 网络建设更具灵活性和实施性，建议开关站站址按照本节中新规划的开关站进行预留。结合中心村的建设，在条件满足的情况下，可适当设置 10kV 开关站，典型实例区域远期中压配电网地理接线图如图 5－22 所示。

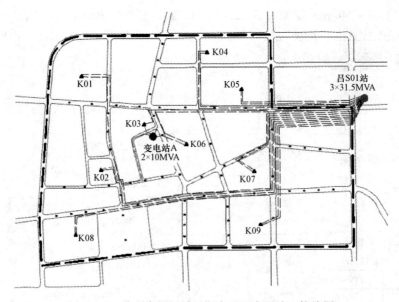

图 5－22　典型实例区域远期中压配电网地理接线图

3. 主要道路电力排管规划

（1）排管敷设方式适用于敷设电缆条数较多，且有机动车等重载的地段。如市区道路、穿越公路、穿越绿化地带、穿越小型建筑物等。同路径电缆单排管敷设条数一般以6～16 条为宜。钢筋混凝土浇制的排管衬管禁止使用石棉管；宜推广使用不需浇制混凝土保护层的高强度塑料管。

（2）电缆排管孔径为 150mm、175mm，孔径 150mm 排管适应电缆外径 120mm 及以下时使用，孔径 175mm 排管适应电缆外径 140mm 及以下时使用。单排管最大孔数为 2×10孔、3×7 孔、4×5 孔、3×8 孔、4×6 孔、3×9 孔、4×7 孔七种。电缆排管孔位应优先满足220kV 电缆线路的需要，同时在排管设计时，应安排通信专用孔。

（3）城市地下电缆线路路径应与城市其他地下管线统一规划，变电站出口进出线的通道，应按最终规模一次实施。

根据以上原则，典型实例区域的主要道路电力排管规划方案主要采用 2×10 孔、3×7孔、2×6 孔和 2×4 孔电力排管，并根据不同的道路 35kV 及 10kV 电缆线路走向情况设置适当数目的电力排管。

五、工程规模与投资估算

对规划方案的高压配电网络设备投资进行了估算，见表 5-19。

表 5-19　　　　　　　　　　高压配电网络设备投资估算

设 备		单价（万元/座、万元/km）	数量（座、km）	费用（万元）
35kV 变电站	2×10MVA	1200	1	1200
	2×20MVA	2000	1	2000
	3×20MVA	2700	1	2700
	3×31.5MVA	3500	3	10 500
35kV 线路	YJV－1×630mm²	220	19	4127
	YJV－3×400mm²	180	19	3409
	LGJ－240mm²	80	37	2980
	LGJ－185mm²	65	37	2386
高压电缆通道费用		25	38	950
合计（万元）			30 252	

表 5-19，整个典型实例镇域远期高压配电网络投资约 30 252 万元。

表 5-20 给出了整个镇域 10kV 配电网络的投资估算。

表 5-20　　　　　　　　　　10kV 配电网络投资估算

设 备		单价（万元/座、万元/km）	数量（座、km）	费用（万元）
开关站		350	12	4200
10kV 线路	YJV－3×400mm²	140	21.95	4010
电力通道	单孔	25	278	3073
合计			11 283	

六、成效分析

高压变电站"$N-1$"分析：方案中 35kV 主变压器负载率均满足要求。根据表 5-3 中相关线路的统计，除一些架空线路负载率稍低外，高压配电变电站的进线负载率均在 30%~65%，且所有 35kV 变电站进线均来自两座不同 220kV 送电站。因此无论在上级变电站一台主变压器停运还是一回变电站进线线路故障的情况下，均可保证对下级负荷的供电，故所规划远期高压配电网络方案均满足"$N-1$"准则。

第五节   综合型城镇实例分析

一、现状分析结论

（一）高压电网

1. 供电能力

典型实例区域整体电网综合容载比为 1.7，不满足导则要求的 1.8—2.2，可见整体供电能力凸显紧张。

2. 网架结构

35kV 变电站 A 为双辐射供电，电源来自 220kV YY 变电站，供电可靠性略差。当 YY 变电站整站停电时，变电站 A 也整站停电。

3. 设备水平

35kV 变电站 A 存在的主要问题是两台主变压器容量较小，均为 25MVA，导致负载率较高以及不通过主变压器"$N-1$"校验。

110kV 变电站 C 存在的问题：① 只有单台主变压器投入运行，可靠性较差，不满足主变"$N-1$"校验；② 10kV 间隔利用率已达到 100%，严重制约该地负荷的接入；③ 无功补偿容量略有不足。

（二）中压电网

1. 供电能力

2014 年，全镇 10kV 公用线路最大负载率平均值为 30.8%，从总体看 10kV 电网供电能力较为合理。28 回 10kV 公用线路中，1 回重过载运行。

2. 网架结构

现状 10kV 配网网架存在的主要问题：① 线路接线不标准，有少量辐射线路，不满足"$N-1$"校验；② 存在少量线路分段不合理。

3. 设备水平

首先，全镇 10kV 公用电网供电半径较大，平均主干长度达到 4.14km，供电半径超标线路达到 14 回。其次，分支联络线导线截面较小，多为 JKLYJ-70，制约线路进行转供；最后，运行年限超过 15 年的 10kV 线路有 3 回，变电站 A 和变电站 C 各 2 回。

二、负荷预测结果

（一）典型实例区域远景负荷综合预测结果

综合上述镇区、集镇和农村的负荷预测结果，得出典型实例区域远景负荷预测结果。至远景年，典型实例区域预测总负荷为 119.48MW，其中镇区负荷 72.47MW，集镇负荷为 33.45MW，农村负荷为 13.56MW。预测结果见表 5-21。

表 5-21　　　　　　　　　典型实例区域远景年负荷预测结果

等级	供电面积（km²）	负荷（MW）	密度（MW/km²）
镇区	6.63	72.47	10.93
集镇	4.01	33.45	8.34
农村	2.01	13.56	6.75
合计	12.65	119.48	9.45

（二）典型实例区域近期负荷预测

典型实例区域近期负荷预测结果见表 5-22。

表 5-22　　　　　　　典型实例区域近期负荷预测结果一览表　　　　　　单位：MW

项目	2014 年	2015 年	2016 年	2017 年	远景年
自然增长	58.69	60.74	62.87	65.07	—
报装大用户	0	7.52	8.93	9.57	—
合计	58.69	68.26	71.80	74.64	119.48

三、规划目标

（一）总体规划目标

根据典型实例区域在市政规划中的定位，依据远景负荷密度，典型实例镇区定为 B 类供区，其他区域为 C 类供区。以此为依据，确定典型实例区域的总体规划目标为：在满足用电需求的基础上，以提高供电可靠性和供电质量为目标。建设与改造并举，提升发展理念，统一标准、统一规划、远近结合、协调发展，各专业横向协同、各层级纵向贯通，加强规划、设计、建设、运维全过程管理，加快建设镇域一流现代配电网。具体来看：

供电能力：至 2015 年底，镇域配电网要具备满足 50MW 负荷水平需求的供电能力；至 2020 年底，镇域配电网要具备满足 65MW 负荷水平需求的供电能力。

供电可靠性：至 2020 年，镇区供电可靠率大于 99.990%，户均年停电时间不高于 0.9h；其他供区供电可靠率大于 99.966%，户均年停电时间不高于 3h。

电压合格率：镇区电压合格率达到 99.80%；其他供区电压合格率达到 99.60%。

（二）高压规划目标

1. 电源容量充足

到 2015 年，电网具备满足 50MW 以上负荷水平需求的供电能力；2020 年电网具备满足 60MW 以上负荷水平需求的供电能力。

2. 网络坚强可靠

采用清晰、规范的 110kV 电网接线方式，优化电网结构。典型实例区域高压配电网原则上采用以链式、环网为主的接线方式。

3. 电网运行灵活

满足调度运行中可能发生的各种运行方式下潮流变化要求；适应电网近、远期发展，便于过渡，考虑到远景电源建设和负荷预测的各种不确定性，在较长发展期内，电网结构仍然比较合理；逐步实现电网智能化、自动化、信息化。

4. 设备先进规范

电气设备均采用技术先进、成熟可靠、自动化程度高的设备。主设备选用国内领先或国际先进的产品。设备选型应标准化、小型化、无油化、绝缘化、微机化、智能化。

（三）中压规划目标

1. 供电能力充裕，主配网协调发展

与负荷增长同步并适度超前，具备向各类用户供电的能力，同时满足负荷增长的需要。线路平均负载率控制在 40% 以内，配变综合负载率控制在 45% 以内。充分利用新建或扩建变电站的供电能力，增强配电网供电能力，优化供电范围。

2. 提高供电可靠性，满足日益增长的供电要求

至"十三五"期末，镇区变电站满足主变压器"$N-1-1$"准则，即变电站一台主变压器检修一台故障时能够通过中压网转供全部负荷；其他区域变电站满足主变压器"$N-1$"准则，即变电站一台主变压器故障时另一台主变压器能够转供全部负荷。

依据《浙江省 10kV 典型供电模式技术规范》，采用清晰、规范的中压配电网接线方式，以中远期目标网架为方向，优化配电网结构，构建坚强可靠的中压网架，主要体现在两方面：① 调整现状接线复杂的线路，至 2020 年，中压接线标准化率达到 100%；② 提高中压线路的有效联络率，至 2020 年，线路的"$N-1$"通过率等于联络率，联络率和"$N-1$"通过率均达到 100%。

实现中压主干线路的合理分段，10kV 线路每分段容量控制在 3000kVA 以内，每分段负荷控制在 2MW 以内。

提高镇域配电网装备水平，老旧设备逐步退出运行，选用高可靠性设备。

3. 降低网损，提高配网运行经济性

通过优化路径、新增高压布点等措施缩短中压线路供电半径。控制中压公用线路配变装接容量。一般地，10kV 和 20kV 公用线路配变平均装接容量分别控制在经济容量8000～10 000kVA 和 16 000～20 000kVA。加强无功补偿管理，遵循就地平衡和便于电压调整的原则，采用分散与集中相结合方式进行补偿。

4. 提高电网的灵活性

运行灵活性：检修或故障条件下，负荷转供方便快捷，电网重构和自愈能力强。

建设灵活性：适应电网的近、中期发展，同时便于向远期目标网架过渡。

四、规划方案

（一）高压电网规划

至 2020 年，涉及为典型实例区域供电的高压变电站的规划情况见表 5-23。其中，镇区主供电源 35kV 变电站无工程，变电站 B 于 2020 年建成投运。集镇主供电源 110kV 变电站 A 于 2015 年进行 2 号主变压器扩建。

表 5-23　　　　　　　典型实例区域及其周边高压变电站规划建设情况

变电站名称	电压等级	现状容量（MVA）	规划容量（MW）	备注
变电站 A	110	50	50+50	2015 年扩建 2 号主变压器
变电站 B	220	—	50+50	2020 年建成
变电站 C	110	25+25	50+50	2020 年后升压扩容

（二）中压配电网规划

1. 远景规划方案

至远景年，典型实例区域的负荷为 78.29MW。按照典型供电模式，共需 30 回 10kV 线路为典型实例区域供电。其中镇区西南部形成一个双环网结构，其余 26 回馈线形成13 组多分段单联络接线方式为典型实例区域供电，上级电源点来自不同 110kV 变电站。

2. 近期规划方案

（1）某线路新建工程。建设必要性：现状某线路负载率达到 70%，且不通过"N-1"校验，为了提高该区域供电可靠性，优化网络结构，需要新出 1 回线路来割切上述负荷转角线路的负荷。

建设方案：从变电站新出一回 10kV 架空线路，接到现状线路某支线 11 号杆。

项目可行性：线路的架设均沿着当地政府的规划道路架设，原则上项目切实可行。

（2）某开关站工程。建设必要性：2016 年规划区内某地块计算报装容量约 7000kVA，该工程为满足新开发地块的用电需求。

建设方案：新建开关站 1 座，由 2 回 10kV 线路从该小镇开关站环出后接入。

项目可行性：具备廊道条件，该工程可行。

五、工程规模与投资估算

（一）工程规模统计

典型实例区域在 2015～2017 年，中压配电网新建线路 3 回，新建架空线路 3.3km，新建电缆线路 4.2km。详细情况见表 5-24。

表 5-24 典型实例区域中压配电线路近期规划工程规模汇总

电压等级	项　　目	2015 年	2016 年	2017 年	合计
	条数	2	1	0	3
10kV	架空线路（km）	2.1	1.2	0	3.3
	电缆线路（km）	2.0	2.2	0	4.2

2015～2017 年，典型实例区域中压配网新建开关站 1 座，新增柱上开关 1 台。

2015～2017 年，典型实例区域低压配网共新增配电变压器 108 台，新增容量 37 335kVA；改造配电变压器 109 台；新建低压架空线路 78.40km，新建低压电缆线路 33.60km；改造低压架空线路 51.67km，改造低压电缆线路 22.14km 见表 5-25。

表 5-25 典型实例区域低压配电网近期规划工程规模汇总

项　　目		2015 年	2016 年	2017 年	合计
新建配电变压器	台数	2	53	53	108
	容量（kVA）	800	18 735	17 800	37 335
改造配电变压器	台数	109	0	0	109
	容量（kVA）	24 605	0	0	24 605
新增线路	架空长度（km）	1.68	39.34	37.38	78.40
	电缆长度（km）	0.72	16.86	16.02	33.60
改造线路	架空长度（km）	51.67	0.00	0.00	51.67
	电缆长度（km）	22.14	0.00	0.00	22.14

（二）投资估算

根据镇域规划期内各电压等级工程量情况，估算出各年建设工程投资。典型实例区域 2015～2017 年合计投资 6355 万元，其中 110kV 电网投资 1200 万元，10kV 电网投资 962 万元，低压工程投资 3922 万元。典型实例区域配电网分电压等级工程投资情况如表 5-26 所示。

表 5-26　　　　　典型实例区域配电网分电压等级工程投资汇总　　　　　单位：万元

电压等级	项　目	2015 年	2016 年	2017 年	合计
110kV	变电工程	1200	0	0	1200
	输电工程	0	0	0	0
10kV	线路工程	447	262	0	709
	开关类工程	3	250	0	253
管沟工程		100	170	0	270
低压工程		1774	1092	1057	3922
合计		3524	1774	1057	6355

六、成效分析

经过 2014～2017 年配电网建设项目的实施，2014 年现状电网存在的 1 回一级问题线路得到解决，提高了整体电网的安全性。至 2017 年，全镇 12 回二级问题线路除了供电半径偏长问题外，其他问题大部分得以解决。

至 2017 年，镇域形成了一个较为安全可靠的高中压配电网，主要体现在以下几方面。

供电能力增强：高中压电网均能满足负荷需求。到 2015 年，110kV 电网载比为 2.01，2017 年容载比为 2.74。中压公用线路数由 2014 年的 28 回增至 2017 年的 31 回，中压配电网供电能力达到 99.2MW。

网架不断优化：通过解除复杂联络、构建标准接线、退运交叉供电线路等措施，凤桥镇域配电网骨干网架得到显著优化。至 2017 年，镇域配电网线路的接线标准化率达到 94%。

可靠性不断提高：通过提高中压线路站间联络率、改造小径线路、消除线路卡脖子、提高线路绝缘化率、增加线路分段开关等措施大大提高了典型实例区域 10kV 配电网的供电可靠性。至 2017 年，典型实例区域中压公用线路联络率为 100%，联络线路均能满足"$N-1$"校验。

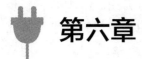

第六章

新型城镇化配电网智能化规划

第一节 新型城镇化配电网智能化规划思想及目标

一、新型城镇化配电网智能化规划思想

配电网智能化通过采用先进的计算机技术、电力电子技术、数字系统控制技术、灵活高效和经济可靠的通信技术和传感器技术，实现配电网电力流、信息流、业务流的双向运作与高度整合，构建形成具备集成、互动、自愈、兼容、优化等特征的智能配电系统。配网自动化应统一规划、因地制宜，结合配电网接线方式、设备现状和供电可靠性要求进行规划设计。配电网电缆通道建设时，应同步建设通信通道。

二、新型城镇化配电网智能化规划目标

1. 总体目标

结合目前某市配电网、配电自动化建设现状及需求分析，根据国家电网公司和浙江省电力公司的要求，某市配电自动化体系建设、实用化应用将以"全网覆盖，功能领先，差异配置，同步推进"为目标，提供配电网实时及准实时数据，融合配网运营相关系统信息，构建配电网全业务精益化管理支撑平台。

截至 2020 年底，某供电区域配电自动化覆盖率达到 100%，供电可靠率（RS-3）达到 99.990%。

总目标实现提供更好的用电服务、更高的供电可靠性和更灵活高效的配网运行效率。

同时，从规划施工角度看，配电自动化建设也需根据某地区的经济发展水平和配电一次网架及设备情况，建设满足配电网实时监控与信息交互、具备与主网和用户良好互动的开放式配电自动化系统。结合"大运行""大检修"体系建设，逐步实现配电网调度、运行监视、检修操作等业务信息的精益化管理，在配电网规划、设计、建设、运维、检修、故障抢修等全过程业务管控环节形成跨部门、跨专业的信息共享与业务流程交互能力，构建配电网全业务精益化管理支撑体系，提高企业效益与优质服务水平，打造兼具可靠、灵活、互动、高效的现代配电网。

2. 区域建设目标

某市供电公司将在三类区域针对负荷密度、重要级别、结合配电网一次现状等因素进行差异化的配电建设，在 2020 年末实现整个某市配电自动化全覆盖，建成功能先进、国内领先的配电自动化系统。

（1）A 类区域。以"三遥"为主，实现区域自动化全覆盖，为快速故障定位、区域负荷转供提供较灵活的监测和控制手段，开展配调管理、网络重构、经济运行等拓展功能建设，有效支撑其 2020 年末供电可靠性规划指标达到 99.998%。配电自动化覆盖率达到 100%。

（2）B 类区域。以"三遥"为主，实现区域自动化全覆盖，为快速故障定位、区域负荷转供提供较灵活的监测和控制手段，开展配调管理、网络重构、经济运行等拓展功能建设，有效支撑其 2020 年末供电可靠性规划指标达到 99.989%。配电自动化覆盖率达到 100%。

（3）C 类区域。以实现"二遥"或"一遥"为主，部分有条件的关键设备开展"三遥"覆盖，优先解决配电网故障检测与定位需要，降低故障点巡检与抢修时间，支撑其2020 年末供电可靠性规划指标达到 99.975%。配电自动化覆盖率达到 100%。

第二节　新型城镇化配电网配电自动化规划

一、新型城镇化配电网配电自动化规划工作内容

通过对规划区的现状进行分析，总结归纳现状一次设备和二次设备中存在的问题，分析规划区配电自动化建设需求，并制订规划方案，计划通过建设改造，达到以下目的：① 提高配电网的管理水平，使配网可观、可测、可控，实现配网的精细化管理；② 提高电网设备的调度水平，改变目前配网盲调的不利局面；③ 提高电网设备的利用水平，优化电网的运行方式，降低网损，提高电网的经济性；④ 提高电网的自动化、信息化、互动化和智能化水平；⑤ 改善电能质量，降低用户经济损失，提高客户满意度；⑥ 高效的电网将减少能源消耗，减少二氧化碳及其他污染物的排放。

二、新型城镇化配电网配电自动化规划技术原则

配电网自动化系统的建设是一项大型综合工程，需要分区域、分阶段、分步骤实施，配电网自动化系统的监控管理范围和应用功能需要随着建设项目开展逐渐扩充。配电网自动化系统的整体结构必须相对稳定并具有可持续扩展能力。

通过逐步建设与改造配电自动化系统，使配电网架结构更加清晰，优化网络结构，增强负荷转供能力，降低低压线损率，保证电压质量；采用高可靠性设备，逐步淘汰技术落后设备，提升一次设备安全运行水平，满足故障切除、负荷转供及快速自愈的要求；合理控制供电半径，避免跨区供电，降低低压线损率，保证电压质量，提高城市配电网供电可靠性，提升优质服务质量，为全面建设坚强智能配电网提供全面保障。

1. 协调性要求

在新建及扩建工程中，必须考虑配电自动化需求，做到"同步设计、同步施工、同步投运"。开关柜配置电动操作机构，配置电压互感器、电流互感器和直流电源，线路开关及环网柜配置电动操作机构，并留有配电自动化接口。

（1）配电自动化建设应综合考虑配电线路、通信网络和开关设备情况，选择经济实用的自动化建设模式，充分利用现有资源，不应对一次系统进行大规模改造。

（2）配电网建设与改造，应充分考虑配电网自动化的建设需求，选择适宜的配电网开关设备，同步建设配电网自动化通信通道。

（3）应结合企业信息化建设，实现配电网相关自动化信息的共享和系统集成，促进配电网自动化信息综合利用。

（4）配电网自动化改造应按照设备全生命周期管理要求，通过继承或适当改造，充分利用原有一次设备、配电主站、配电终端、配电子站和通信通道等资源。

2. 故障处理模式规划原则

（1）以《城市配电网技术导则》《配电网自动化技术导则》《配电自动化试点建设与改造技术原则》等技术导则为指导，结合实施区域配电网规划内容，平衡考虑，统一改建，因地制宜地开展故障定位与处理建设，以最大限度缩小停电范围为改造的主要经济指标。

（2）实现线路故障的快速定位、隔离，实现非故障区段快速恢复供电的馈线自动化基本原则，对地区主干线路采用集中式馈线自动化处理方式，由配网主站收集 EMS 出线运行信息、配电终端信息后进行故障定位，给出处理策略。

（3）建设以保证配电网的安全性与稳定性为前提，优先满足配电网故障检测与定位的需求，支持策略推送、人机界面交互执行、全自动闭环控制等多种方式。

3. 主站规划原则

配电主站系统是整个配电自动化系统的核心，其应具有性能稳定、安全可靠等特点，系统建设以经济性、扩展性、安全性、可靠性、实用性和易维护性为目标，采用标准化和开放性设计，充分考虑系统未来扩展需求，应具备以下功能，为智能配电网建设奠定基础。

（1）应按照规划期配电网整体规模及发展需求建设主站基础平台和配电 SCADA、馈线故障处理等基本功能；可根据需要逐步扩展高级应用、配电仿真及智能化应用等功能。

（2）应构建标准、通用的基础平台，根据配电网规模合理配置系统硬件及软件，做到安全、可靠、可用、可扩展。

（3）采用跨平台操作运行环境和灵活的配置方式，具有良好的可移植性、可扩展性和可操作性，适应配电网监控及运行管理模式。

（4）应满足基于集中处理方式的配电线路故障处理需求，配合变电站保护装置、配电开关和自动化终端等设备实现自动故障处理。

（5）应采用开放的体系结构，配置信息分流、分层分区域管理、模型拼接等功能，实现配电网分区域运行监视、调度操作和模型维护。

（6）应具有友好的操作及维护界面，采用可视化技术、智能建模等最新技术，能够建立基于地理信息的配电网监控、调度及运行管理界面。

（7）应实现与配电网管理信息系统的接口，从管理信息系统获取设备台账、地理信息及配电网模型，并为管理信息系统提供配电网实时运行数据。

（8）应实现与计量自动化系统的接口，充分利用计量自动化系统提供的数据实现对分支线负荷、配电变压器故障信息的监测。

（9）应符合《电力二次系统安全防护规定》（国家电监会电监安全〔2006〕5号令）的要求，遵循安全分区、网络专用、横向隔离和纵向认证的原则。

根据地区配调运维管理不断提升的技术需求，面向"配电调度管理和故障抢修指挥"为两大应用主体逐步开展功能建设，信息交互总线贯穿安全Ⅰ区与Ⅲ区，适应了数字化配网信息共享与服务的要求。功能上满足《配电自动化主站系统功能规范》与《配网生产抢修指挥平台功能规范》设计要求，并结合地区未来分布式电源/储能/微电网、配调管理可视化等技术需求逐步开展应用拓展，实现数据一体化、功能一体化、标准一体化、设备管理一体化、图模管理一体化的目标。

建立一个成熟可靠的主站系统，突出"信息化""自动化""互动化"的特点，利用符合 IEC 61968 标准的信息交互总线其他相关系统互联，实现数据共享和集成，完成对整个电网的智能化管理和应用。主站的硬件采用国际上通用的、标准的、先进的和适合自身系统的设备，同时可以满足部件更换或扩展使设备性能提升的要求。操作系统采用 UNIX/Linux 混合系统，确保系统的安全性和可靠性。

主站在功能上将配网 SCADA 与 EMS 系统的互联作为基本功能来建设，同时开展在配电自动化系统中进行配网故障隔离、配网分析和为其他系统提供分析功能和数据接口的相关应用。

配电自动化系统站外模型（馈线图、环网柜接线图）从 PMS 系统获取，变电站内模型从调度 EMS 系统获取。在配电网主站系统内进行模型拼接，构建完整的配网图模信息，从而为配网调度的指挥管理提供完整的电网模型及拓扑资料。配变准实时信息通过信息交互总线从省公司用电信息采集系统获取。为满足最终的配网规模及配网管理的要求，硬件和软件必须具有良好的开放性和可替代性；系统功能和整体结构考虑远景年对智能化应用的支撑。

4. 终端规划原则

配电自动化终端应根据网架结构、设备状况和应用需求合理选用，其功能要视开关在网架中所处位置而定：对网架中的关键性节点，如进出线较多的开关站、配电室和环网单元，需采用"三遥"配置；对网架中的一般性节点，如分支开关、无联络的末端站室，可采用"一遥"配置。

考虑供电可靠性的需求，结合配电网架结构、开关设备与通信条件等合理配置配电终端类型，A 类供电区域，新建改造线路以安装"三遥"终端为主，馈线自动化以集中型方式为主；B 类、C 类供电区域，架空线路采用"二遥"远传型故障指示器方式，电缆线路馈线自动化采用集中式。

B 类供电区域配电站所及柱上开关"三遥"终端配置比例原则上不超过 30%，C 类供电区域原则上不超过 20%。架空线路运用配电线路单相故障定位装置、远传型故障指示器等设备，实现配电线路故障区间的判断定位，提高抢修人员查找故障的速度。可根据网架分段情况采用就地重合式馈线自动化。具体原则如下：

（1）按照配电终端建设与配电网通信系统、一次网架及一次设备的建设与改造等相结合的原则，充分考虑未来配电设备与通信系统升级的需要，避免重复投资。

（2）立足配电网的现状与地区环境特点，坚持技术先进的同时，注重经济性、实用性与可操作性，在每一条线路的关键节点安装配电终端设备，根据开关设备现状、通信条件及运行需求合理配置配电终端类型，建设"三遥""二遥""一遥"相结合的多样化配电自动化模式。

（3）优先对网架结构相对稳定、具有转供能力且近期不需要进行改造的线路进行自动化建设。配电自动化终端的建设宜结合一次设备的建设与改造逐步实施。相互间具有联络关系的配电线路宜同期进行自动化建设与改造。

（4）结合负荷分布情况对线路和开关进行监控点选取。对于装接配变较少的线路或供电可靠性已经很高的双电源用户，结合一次改造情况适当选取。对于分支负荷较重要或规模较大的分支线路，在分支线路中适当考虑"两遥"建设。

5. 通信网规划原则

配电通信网络是实现配电网自动化的关键环节，配电网自动化系统需依靠有效的通信手段将反映远方设备运行状况的数据信息收集到控制中心。

配电通信系统以满足数据采集可靠性、安全性、实时性要求为原则，采用经济合理、先进成熟的通信技术，建成技术先进、实用性好，网络结构合理、可靠性高，覆盖范围广、接入灵活、自愈能力强、综合效能高的智能配电通信平台，确保配电自动化网络安全、经济、高效运行。

考虑到配电自动化实施区域的投资规模及工程实施复杂度等因素，"两遥"终端采用无线公网通信方式接入配电自动化主站，并采取 APN 或 VPN 访问控制、认证加密和安全隔离等安全措施，并支持用户优先级管理；在不额外建设传输媒介的情况下实现网络的快速覆盖。

采用 GPRS/CDMA/3G/LTE 等无线公网方式组网时，配电终端通过无线公网通信终端连接到移动运营商内部的无线网络，再通过移动运营商与配电主站接入路由器之间的有线专线连接到主站。

此外，应利用通信管理系统（TMS）实现对配电通信网中各类设备的综合管理，有效提升对配电通信接入网的智能管理水平。

6. 信息交互规划原则

（1）信息交互方式。配电自动化系统信息交互应符合电力企业整体信息集成交互构架体系，遵循图形、模型、数据来源及维护的唯一性原则和设备编码的统一性原则；采用标准化的信息交互方式，即采用总线形式的信息交互体系架构、标准化的功能接口、数据格式与语义等。

依据"源端数据唯一、全局信息共享"的原则，配电主站通过信息交互总线或专用接口方式与调度自动化系统、PMS系统、电网GIS平台、营销业务系统等其他应用系统互联，实现多系统之间的信息共享和应用集成。

信息交互总线应支持基于消息的业务编排、信息交互拓扑可视化、信息流可视化等应用，满足各专业系统与总线之间的即插即用，并遵循以下原则。

1）统一信息模型：IEC 61970/61968 CIM 模型是贯穿整个电力系统业务范围的企业信息模型，配电网自动化系统必须遵循 IEC 61970/IEC 61968 标准，统一信息模型是实现与其他相关自动化系统优化集成的基础。

2）统一设备编码：在建立统一信息模型过程中，必须遵循关于电力设备编码的有关规定，对所管理的所有设备应该制定统一的编码规则，保证设备对象识别的唯一性。编码必须满足 IEC 61968/61970 的模型需求。

3）保证数据唯一：为确保各种数据在所有系统中的一致性，原则上要求一类数据只能由相关的维护单位从一个应用系统录入，保证该类数据只有唯一的数据源，同时可以提供给其他应用系统共享，从根本上避免数据的重复录入。

4）网络安全防护：配电网自动化系统与相关自动化系统、管理信息系统之间的数据共享及网络互联必须符合电力二次系统安全防护要求。

（2）信息交互内容。配电自动化系统的信息交互内容包含主网、配网模型和图形信息，配网设备相关参数、应用分析数据、故障信息和实时数据等。配电主站系统通过与相关应用系统进行信息交互，可实现中低压设备的异动管理、配电网停电管理、配变及负荷的运行监视及分析管理等应用功能。

配电自动化系统从相关应用系统获取以下信息：从上一级调度自动化系统获取高压配电网（包括 35kV、110kV）的网络拓扑、相关设备参数、实时数据和历史数据等；从生产管理系统（PMS）获取配电网设备计划检修信息和计划停电信息等；从地理信息系统（GIS）获取中压配电网相关设备参数、馈线电气单线图、网络拓扑等；从营销管理信息系统（CIS）获取低压配电网的相关设备参数和运行数据；从95598系统和营销管理信息系统获取用户故障信息；从营销管理信息系统获取低压公变和专变用户相关信息，如图6-1所示。

配电自动化系统向相关应用系统提供配电网图形（系统图、站内图等）、网络拓扑、实时数据、准实时数据、历史数据、分析结果等信息。

（3）信息交互接口。配电主站通过标准化的接口适配器完成与调度自动化系统、电网GIS平台、设备（资产）运维精益管理系统、营销业务系统、抢修指挥系统的信息交互。

（4）信息交互配置。信息交互总线硬件包括信息交换总线服务器、接口服务器、负载均衡服务器、物理隔离装置、防火墙、交换机设备等。硬件对称部署，实现生产控制大区与管理信息大区之间的信息安全交互。

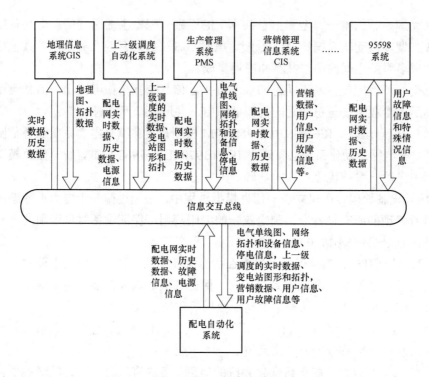

图 6-1　配电自动化系统信息交互示意图

7. 信息安全防护原则

配电自动化系统的信息安全防护应满足《电力二次系统安全防护规定》（国家电监会第 5 号令）、《电力二次系统安全防护总体方案》（国家电监会电监安全〔2006〕34 号）、《关于加强配电网自动化系统安全防护工作的通知》（国家电网调〔2011〕168 号文）等相关要求，符合安全分区、网络专用、横向隔离、纵向加密的基本原则，在生产控制大区与管理信息大区之间部署正、反向电力系统专用网络安全隔离装置进行电力系统专用网络安全隔离。

（1）主站安全防护。主站应满足横向隔离要求，对安全Ⅰ、Ⅱ区之间采用国产硬件防火墙实施访问控制，在安全Ⅱ、Ⅲ区之间部署正、反向电力系统专用网络安全隔离装置进行电力系统专用网络安全隔离，在安全Ⅲ、Ⅳ区之间安装国产硬件防火墙实施安全隔离。

主站应满足纵向认证要求，保障配电主站系统的控制安全、信息安全和应用系统安全，同时满足配电主站系统对相关应用系统的信息需求，符合公司安全防护要求。

配电自动化系统应支持基于非对称密钥技术的单向认证功能，主站下发的遥控命令应带有基于调度证书的数字签名，现场终端侧应能够鉴别主站的数字签名。

（2）终端安全防护。具有控制要求的终端设备应配置软件安全模块，对来源于主站系统的控制命令和参数设置指令应采取安全鉴别和数据完整性验证措施，以防范出现冒充主站对现场终端进行攻击，恶意操作电气设备的行为。

对于采用公网作为通信信道的前置机，与主站之间应采用纵向加密认证装置实现安全隔离，公网与调度数据网不应直接相连。

加密终端应在收到复合命令报文后，使用预装的主站公钥对复合命令报文中的签名进行验签，并比较时间戳的时效性，实现数据报文的机密性保护。

（3）信道安全防护。当采用无线公网通信时，应采取 APN+VPN 逻辑隔离、访问控制、认证加密等安全措施，严禁无线公网与调度数据网直接相连，主站前置机应采用防火墙实现无线公网与主站系统的逻辑隔离。

8. 分布式电源及多元化负荷接入适应性要求

分布式电源接入的运行与控制应以不影响配电网的安全稳定为首要原则，按照容量和电压等级遵循分散布置、分层控制、分级调度的原则。对于具有分布式电源、储能系统、电动汽车充换电设施的配电网，配电自动化系统应能够监控接入 10kV 配电网的分布式电源、微电网及储能系统，并具备对其接入、运行、退出的监视、控制等功能；扩展配网潮流计算和分析、分布式电源的并网技术和协调控制等方面的功能；在信息采集实时性、完整性和一致性等技术指标满足应用需求的基础上，可以考虑将其纳入馈线自动化的应用。

分布式电源、储能系统、电动汽车充换电设施接入配电网时，应评估其对配电自动化故障处理检测和策略的影响，确保故障定位准确、隔离策略正确。在原有六大类配网故障（出口故障、环网柜故障、线路末端故障、电缆/架空线路故障、负荷侧故障、联络设备故障）处理的基础上，需增加对分布式电源的故障处理功能、多电源环网运行方式故障处理功能，故障信号不健全的故障处理功能。

目前，配电网是辐射状单端电源供电系统，馈线上的保护不需要安装方向元件，且多为三段式电流保护，依靠延时来获得动作的选择性。分布式电源的接入改变了配电网保护控制方式，在故障情况下，分布式电源向故障供出故障电流，因此，原有的保护需要重新配置。分布式电源的保护应符合可靠性、选择性、灵敏性和速动性的要求。

三、新型城镇化配电网配电自动化规划工作流程

新型城镇化配电网配电自动化规划主要流程包括：确定工作目标，明确规划范围和工作深度；收集现状资料，完成现状分析，总结现状存在的问题；依据规划原则，结合建设需求，制订配电自动化具体规划方案；进行投资估算与成效分析。

具体工作流程如图 6-2 所示。

1. 确定工作目标及收集基础资料

确定新型城镇化配电网配电自动化规划范围、工作深度，制订规划大纲，以及收资清单，开展规划前期工作。

2. 现状分析及现状问题总结

配电网自动化现状分析主要包括两个方面：① 一次设备分析，即配电网设备现状分析；② 二次设备分析，即配电自动化应用设备分析，如图 6-3 所示。

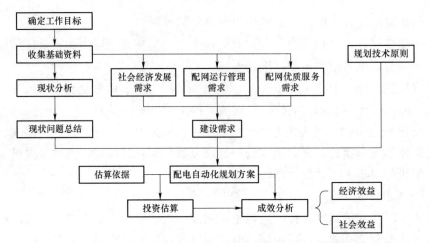

图6-2 新型城镇化配电网配电自动化规划工作流程示意图

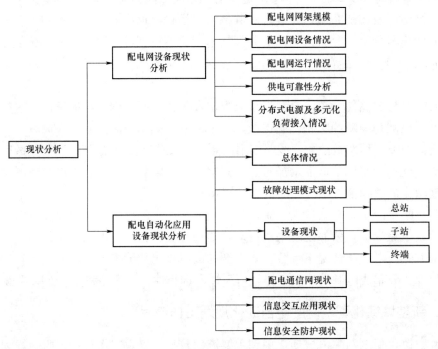

图6-3 配电自动化现状分析结构图

（1）配电网设备现状分析。配电网一次设备是实现配电网自动化的基础。分析主要涉及以下几个方面：分析介绍规划区配电网网架的规模和结构，包括线路回数，架空及电缆网的网架结构、联络和分段情况等；配电网开关设备分析侧重于开关及环网设备，分析统计具备监测装置、电动操作机构、辅助接点、电压互感器、电流互感器、供电电源、二次设备安装空间等功能和条件的设备；供电可靠性分析，包括停电类型分析，影响可靠性分析；以及分布式电源的接入与控制方式。

（2）配电自动化应用设备现状分析。配电自动化应用情况现状分析主要涉及以下方面：总体情况，包括配电自动化设备总体规模、覆盖率和管理情况；故障处理模式现状；

设备现状，包括主站、子站和终端，以及其配套的软件和硬件；配电通信网现状，包括通信网规模和结构，应用技术以及覆盖情况；信息交互应用现状，包括信息交互网络结构和功能应用情况；信息安全防护现状，包括系统网络安全管控、终端接入网络安全。

（3）现状存在的问题。现状存在的问题分析主要分设备和管理两个层面进行。分析的内容包括一次网架设备存在的问题，二次设备存在的问题，以及在项目建设、系统维护和人员管理等方面存在的问题等，如图6-4所示。

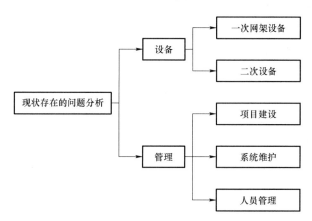

图6-4　现状存在的问题分析结构示意图

3. 方案编制

方案编制包括建设范围与时序安排，故障处理模式，配电主站规划，配电终端规划，配电通信网规划，信息交互规划，信息安全防护规划。包含技术要求，升级改造建设方案以及主要指标等内容。

4. 成效分析

规划成效分析从综合指标的变化情况和技术经济评估两个方面进行分析。其中综合指标分析包括配电自动化覆盖率、中压线路"N-1"通过率、停电时间分析，故障操作时间分析等内容；技术经济评估分经济效益和社会效益两个方面分别进行阐述说明。

第三节　新型城镇化配电网通信网规划

一、新型城镇化配电网通信网规划工作内容

电力通信网作为电网的重要组成部分、技术支撑手段和基础平台设施，在保障电网安全运行、市场经营和公司现代化管理等方面发挥着重要的作用，将随着国家电网公司发展方式和电网发展方式"两个转变"的不断深化和加快推进，承担更加繁重、更加全面的支撑和保障任务，面临诸多新的挑战。科学合理地制定公司"十三五"通信网规划，是保障电网安全、优质、经济、高效运行，实现管理信息化和现代化的必然要求，也是推动电力通信网健康、有序发展的重要保证。

某市新型城镇化配电网通信网规划工作以电网发展规划、技改规划为基础，以某市公司通信网存在的问题为导向，围绕通信网规划、建设等核心工作，阐述某市公司未来五年通信网架、业务发展的战略意图，通过一次输变电工程配套通信项目、独立二次通信项目、生产技改通信项目以及其他专项通信项目明确专业工作重点，提升公司通信专业集约化、扁平化、专业化管理水平和业务支撑能力。

二、新型城镇化配电网通信网规划技术原则

（一）总体原则

继续坚持"保障性、可靠性、整体性、统一性、先进性、实用性、经济性、差异性"规划原则，结合"十三五"期间的新需求、新变化，进一步突出以下方面。

（1）统一规划、整合资源。坚持统一规划、统一标准、统筹建设，充分利用和整合各种资源，保证各级网络传输顺畅、业务贯通，科学合理地确定通信网规划目标。

（2）需求导向、继承发展。充分继承通信网建设成果，挖掘现有系统潜力，结合坚强智能电网业务发展新需求和通信技术发展，稳步推进网络平滑演进，提高投资利用率。

（3）安全可靠、经济高效。电力通信网建设应以保障电网安全生产为首要目标，全面支撑公司信息化等各类业务发展，规划建设安全、可靠的通信网架，同时考虑经济性、合理性，实现可靠性与经济性的协调。

（4）标准开放、扩展灵活。电力通信网建设应遵循标准开放、运行可靠、配置简便、扩展灵活的原则，选用符合国际、国家标准的主流产品和技术，保持主要技术政策一致、技术架构统一。

（5）技术成熟、先进适用。通信网建设力求结构层次清晰、设备配置简约、运行维护方便。确保系统建设先进性、适用性和有效性的有机统一。

（6）顶层设计、分级实施。结合能源互联网等业务发展需求，统一组织，突出重点，按照顶层设计、试点先行、逐步推广的原则，以点带面，统一建设，分级负责，分步实施，分层推进。

（二）技术原则

1. 传输网

地市骨干传输网主要覆盖地市公司、县公司（含第二汇聚点）、供电所、地（县）调直调发电厂及变电站等。

传输网以光通信技术为主，载波、微波、卫星通信技术为辅。在传输网覆盖和延伸能力不足的地区，租用运营商资源或与运营商资源置换。

各级传输网建设应遵循"光缆共享、电路互补"的原则，加强各级传输网的互联互通，防止重复建设和通信资源的浪费，形成相互补充和备用。

电力线载波通信是电网特有的通信技术，是电力系统继电保护信号有效的传输方式之一，应因地制宜，合理利用。

现有微波通信系统的频率、铁塔、站址和机房等是公司的宝贵资源,应加以合理利用;有抗灾应急需求且具备切实可行的应急实施方案和专用频率资源的单位,应加强对微波通信系统的管理和运行维护。

(1) 光缆。

1) 光缆以光纤复合地线(OPGW)和非金属自承式光缆(ADSS)为主,光缆纤芯宜采用 ITU-T G.652 型。充分利用电力系统杆塔和线路资源,建设 OPGW、ADSS 光缆。新建、改(扩)建 110kV 及以上电压等级的输电线路应随线路架设 OPGW 光缆,新建或整体改造的 220kV 及以上输电线路应随线路架设两条 OPGW 光缆,见表 6-1。

表 6-1　　　　　　　　　　　　光 缆 选 型 建 议

电压等级	光缆主要敷设形式	光缆型号	纤芯型号
220kV 及以上	架空	OPGW 光缆	ITU-T G.652 型为主
110kV、66kV	架空	OPGW 光缆	
35kV	架空、沟(管)道或直埋	OPGW 或 ADSS 光缆	
10kV	架空、沟(管)道或直埋	ADSS 光缆或普通光缆	

2) 骨干传输网环网节点光缆芯数以 48 芯为主,支线、终端节点光缆芯数以 24 芯为主,10kV 线路光缆芯数宜采用 24 芯。

3) 在多级通信网光缆共用区段,以及入城光缆、过江大跨越光缆等情况下,应根据业务需求适度增加光缆纤芯数量。

4) 对于一次线路走廊是单路由的重要电厂、110kV 终端变电站、B 类及以上供电区域所属 35kV 终端变电站,可同塔建设两条光缆。

5) 各级调度机构和通信枢纽站光缆应具备至少 2 个路由,且不能同沟道共竖井。地级及以上调度机构(含备调)所在地的入城光缆应不少于 3 个独立路由。

6) 10(20/6)kV 线路光缆应与配电网一次网架同步规划、同步建设,或预留相应敷设位置。

(2) 地市骨干传输网。地县骨干传输网按 DW-A 单平面架构,通信枢纽站等重要 110kV 站点可采用双设备。地县骨干通信网通过地市公司及地市第二汇聚点两点接入省级骨干通信网。

1) DW-A 平面采用 MSTP 技术体制,核心及汇聚站点设备双重化配置,满足生产控制类业务和管理信息类业务传送需求。覆盖地市公司、地市第二汇聚点、所属县公司、地调直调发电厂和 35kV 及以上变电站、供电所及营业厅等。

2) 光传输网同一网络平面原则上所采用的设备不超过 2 家,一个环网采用的同一设备组网,同一网络平面原则上应纳入统一设备网管。

3) 220kV 及以上变电站内承载生产控制业务的 SDH 传输系统应满足双设备、双路由、双电源要求。提高 110kV 厂站通信物理通道双重化率(要求物理通道相互独立),110kV 及以下厂站传输设备原则上按单套考虑,重要板卡冗余配置,110kV 重要站点根据需求可考虑双套设备。

4）同一回线路的两套继电保护或电网安全自动装置均采用复用通道时，应通过两套独立的光通信设备传输承载。

2. 业务网

公司业务网主要包括数据通信网、调度交换网、行政交换网和电视电话会议系统。

（1）数据通信网。

1）根据公司整体部署，数据通信网逐步实现骨干网、接入网两级扁平化网络架构。

2）骨干网省内部分覆盖范围包括省公司、第二汇聚点、地市公司及其他重要站点等。

3）接入网覆盖范围包括地市公司级单位、县公司级单位、供电所、35kV 及以上变电站等。

4）各级直调厂站应遵循灵活接入原则，就近接入数据通信网。

5）骨干网分为核心层、汇聚层和骨干层 3 个层级。核心层节点形成全互联网状结构，汇聚层以部分互联方式形成网状结构，骨干层节点应至少满足双互联的拓扑结构。

6）接入网以地市公司本部为网络核心，以县级公司为行政机构的汇聚点，以检修公司或变电站为电力生产类节点的汇聚点。数据接入网与数据骨干网对接应至少满足口字型互联的拓扑结构。

7）进一步提升数据通信网标准化水平，统一规划、分配使用 IP 地址、ISIS 协议 NET 地址、BGP ASN、VPN RT/RD 等技术参数，规范主要业务承载和保护方式，加强 MPLS VPN 技术在数据接入网的应用，数据骨干网部署 6vPE，根据公司整体安排，适时启动 IPv6 的应用部署。

8）数据通信网承载管理信息大区业务，应符合电力监控系统安全防护规定，与生产控制大区之间应设置电力专用横向单向安全隔离装置；与互联网（信息外网）应物理隔离。加强防止黑客及病毒攻击、访问控制、数据传输加密等安全策略的部署。

9）按照轻载要求规划链路带宽，数据通信网链路峰值带宽利用率宜小于 40%。

（2）调度交换网。

1）新一代电力调度交换网的建设必须满足电网公司关于"坚强智能电网"的建设需要，结合"调度一体化"和"调控一体化"的具体要求满足大运行体系建设的业务需求。

2）浙江新一代调度软交换系统采用一级部署方式，实现全省集中、统一的运维管理，具备"调控一体化"以及"异地双归属"等多级容灾功能。35kV 及以上变电所部署各类调度电话终端，有人站点配置调度台，无人站点配置电话单机。

3）调度软交换网通过语音网关采用 $n*E1$ 中继与现有调度电路交换网（地调/500kV 变电所）直联。当调度软交换网出现故障时，软交换用户的语音业务可由调度电路交换网实现。

4）调度软交换网应具备与现有的行政交换网之间的通信能力，各地市语音网关配置 $n*E1$ 与行政程控交换机和行政软交换系统进行单向通信。

5）各外围调度站点配置两路调度电话。过渡时期，一路以通信数据网的调度 VPN 承载，并与其他业务 VPN 逻辑隔离，以确保信息安全；另一路以光电一体化设备承载。

待通信数据网实现设备双重化后，逐步割接至通信数据网。

6）调度软交换网与现有电路交换网会在很长一段时间共存，在共存期间采取"积极稳妥，逐步推进"方式，初期以电路交换为主，软交换为辅；逐步过渡到以软交换为主，电路交换为辅；随着电路交换设备的自然淘汰，最终形成全 IP 承载的调度软交换网络。

（3）行政交换网。

1）"十三五"期间新建行政交换网统一采用 IMS 技术，不再新建或改造电路交换和软交换设备。

2）IMS 交换网遵循"先核心、后接入"原则分别建设 IMS 核心网，采用异地 1+1 方式容灾；所属各级单位灵活采用 IP 终端、AG/IAD、IP－PBX 等接入设备接入核心网，满足行政电话需求。

3）IMS 交换网主要采用 SIP 协议，与电路交换（软交换）设备互联以中国 No.7 信令方式为主；全网采用 9 位等位编号原则，IMS 网用户同步分配 SIP 用户标识。

4）采用各级数据通信网专用 VPN 承载 IMS 跨省互通和终端设备接入涉及的业务、信令和网管等数据，并与其他业务 VPN 逻辑隔离，以确保信息安全；与运营商，以及其他单位的电路交换设备仍以数字中继方式互联为主。

（4）电视电话会议系统。

1）"十三五"期间将继续坚持公司一体化电视电话会议平台建设的技术路线，平台由网络硬视频、专线硬视频和网络软视频三部分构成。

2）基于资源池的网络硬视频作为视频会议的主用平台，根据公司整体要求，在省公司部署资源池，县级及以上视频会议室的高清化改造和覆盖率提升应基于网络硬视频开展。

3）专线硬视频系统作为网络硬视频的重要补充，用于总部、省公司召开大型重要会议时，与网络硬视频系统形成双平台会议保障能力。

4）网络软视频系统覆盖至桌面电脑终端或会议室内网电脑，面向员工应用以及乡镇供电所等基层单位。采用公司信息内网组织通道，采用服务器加客户端的系统架构方式，在省公司统一部署软视频服务器。

3. 支撑网

（1）同步网。

1）整合、完善和优化现有频率同步网，充分利用现有设备资源进行统一规划。频率同步网总体具备向"时频融合"的目标平滑演进的功能。

2）省内频率同步网基于省级传输网、地市传输网进行构建，以全同步方式运行。

3）频率同步网以省公司为单位划分同步区，每个同步区至少设置两个基准时钟，即第一基准时钟（PRC 或 LPR），第二基准时钟，以及按需设置的辅助基准时钟。通信网时间同步可采用 NTP 或 PTP 技术组网，时钟精度达到毫秒级。

4）PRC 以铯钟基准源为主用，北斗卫星或 GPS 为备用；LPR 以北斗卫星或 GPS 为主用，同时应至少有 2 个不同路由的地面定时信号作为备用。

5）统一考虑频率同步网定时链路规划和传输系统同步链路的安排，定时链路规划应遵循由上及下的原则,传输系统同步链路安排应服从于频率同步网定时链路规划的需要。

(2)网管系统。

1)省内骨干网设备专业网管逐步向省公司集中部署,设备网管系统与设备间的信息应采用专用通道承载。

2)各级骨干传输网、业务网、支撑网等专业网管以标准北向接口等方式接入SG-TMS综合网管系统,系统采用总部、省公司两级部署,实现统一实时监视、资源管理、运行管理功能。

4. 其他

(1)通信电源。

1)对于220kV及以下新建或改造变电站,宜采用一体化电源系统供电,220kV变电站电池供电后备时间不小于4h,110kV及以下变电站不小于2h。

2)原则上,地市公司重要枢纽通信站、地理位置偏远的无人值班变电站,宜配置两套独立通信电源。电池供电后备时间不小于4h,地理位置偏远的无人值班变电站不小于8h。

(2)应急通信。

电力应急通信系统可采用有线与无线技术相结合、专网资源与公网资源相结合、移动设备与固定设施相结合的灵活组网方式。应急通信设备应在一定地域范围内相互支援、统筹使用,实现资源共享和互补。

5. 10kV 通信接入网

(1)10kV通信接入网应建成统一的接入平台,统筹规划网络架构,综合利用光缆资源,站点业务分区承载,满足电力监控系统安全防护规定相关要求。

(2)10kV通信接入网应采用光纤、载波、无线等多种技术混合组网。光纤方式可选用 xPON;无线方式可选用无线公网和无线专网。xPON 系统采用星形和链形拓扑结构进行组网,对于重要供电区域且线路条件允许时采用"手拉手"拓扑结构形成通道自愈保护。

(3)建设配电自动化光纤专网时,应统筹解决生产控制和管理信息的隔离传输,为用电信息采集、配网信息管理等业务预留资源。

(4)稳步推进无线专网技术试点及建设,应采用国家无线电管理部门授权的无线频率进行组网,并研究双向鉴权认证、安全性激活等安全技术措施。

(5)整合无线公网资源,优化"APN+VPN"专线访问控制、认证加密等安全措施,合理利用电力无线虚拟专网。

三、新型城镇化配电网通信网规划工作流程

新型城镇化配电网通信网规划主要流程包括:确定工作目标,明确规划范围和工作深度;收集现状资料,完成现状分析,总结现状存在的问题;依据规划原则,结合建设需求,制定通信网具体规划方案;投资估算与成效分析。

具体工作流程如图6-5所示。

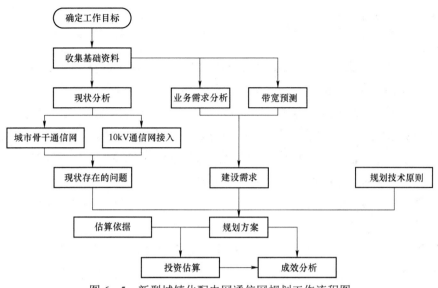

图 6-5　新型城镇化配电网通信网规划工作流程图

1. 确定工作目标及收集基础资料

确定新型城镇化配电网通信网规划范围、工作深度，制定规划大纲，以及收资清单，开展规划前期工作。

2. 城市骨干通信网现状分析

城市骨干通信网主要分为传输网、业务网、支撑网、其他相关网络等四个组成部分。具体可参照图 6-6 所示几个层面进行分析。

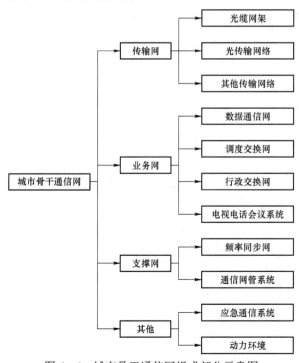

图 6-6　城市骨干通信网组成部分示意图

3. 业务需求分析

业务需求主要分为两大类。

（1）生产控制类业务。生产控制类业务包括电力系统专有业务和调度系统业务两类。专有业务包括系统继电保护以及安全稳定控制的信号，是保证电网安全、稳定运行必不可少的传输信号，要求具有极高的可靠性和较短的传输时延。调度系统业务包括SCADA/EMS 系统、功角测量系统、电能量计量系统、电力市场运营系统等数据业务。调度系统业务主要承载在电力调度数据网上，部分也作为 TDM 业务在 SDH 层上传送，一般采用调度数据网与专用通道互为备用的方式。

（2）管理信息类业务。管理信息类业务主要包括财务管理系统、物资管理系统、工程管理系统、人力资源管理系统、安全生产管理系统、办公自动化系统、电力营销业务系统等业务。智能化的电力营销业务系统是基于现代计算机、网络通信及自动化技术，通过电力营销数据自动采集、加工处理，以及业务控制，实现电力用户用电数据采集实时化、业务处理信息化、客户服务网络化、现场监测可控化、质量管理精益化、分析决策科学化。其功能涵盖电力用户电能信息采集与控制、营销业务应用、服务渠道接入与监控、营销分析与辅助决策应用等范畴，也是未来智能化电网的一个重要组成部分。企业管理信息化数据属于企业的敏感信息，在传输时延以及传输速率上没有特别的要求，但是对安全性和可靠性要求很高，必须提供可靠的路径和充分的带宽。

4. 带宽预测

通信需求分类按变电站和办公场所两个大类提出。

（1）变电站类型：变电站类型涵盖 0.4～500kV 所有公司所属交、直流站点。

（2）办公场所类型：办公场所类型涵盖地市、县公司、调度机构、直属单位及其分支机构、供电所、营业厅。

参考典型带宽预测模型，结合地区新型城镇化自身发展需求，计算规划区断面业务总流量。

5. 规划方案制定

从城市骨干通信网和 10kV 通信接入网两个方面，分别制定规划总体目标、总体建设方案与规模、以及年度建设重点。

6. 投资估算与成效分析

估算总体及分年度的建设工程量与投资规模，并从以下几个方面分析建设成效：① 骨干传输网结构、规模、网络运行安全性；② 终端通信接入网覆盖率；③ 通信网带宽提升率；④ 通信网络管理平台建设。

第四节　电动汽车充换电设施及多元化负荷接入规划

一、电能替代技术发展现状

（一）电能替代技术特点

1. 建筑领域

（1）蓄热式电暖器。蓄热式电暖器是一种利用高效蓄能技术，充分利用峰谷电价差异，在每天夜间低谷时段通电加热 6～7h，将晚间低谷电以热能的形式储存起来，等到白天 17～18h 的峰电时段将储存的热量断电释放来达到取暖目的的新型采暖设备。

技术特点：蓄热式电暖器除具有热效率高、安全、清洁、舒适、环保、安装简单等优势外，还可起到帮助电网削峰填谷、帮助用户降低能源成本的作用。从能效水平看，蓄热式电暖器热效率可达 98%，高于燃气采暖炉 80% 的热效率水平。

适用领域：蓄热式电暖器可广泛用于住宅、办公室、宾馆、商场、医院、学校等各类民用与公共建筑。

替代对象：普通电暖设备。

（2）热泵。热泵是经电力做功，将低位热能转换为高位热能的设备。

技术特点：冷暖兼备，一机三用，启停控制方便，运行稳定，高效经济，节能环保等。从能效水平看，热泵系统 COP 在 3.5～5.5，比传统空调系统运行效率要高 40%，是节能型空调系统。

技术方向：热泵分为土壤源热泵、水源热泵、空气源热泵和工业企业余热源热泵，其中水源热泵又分为地下水源、污水源、海水源热泵。土壤源热泵和地下水源热泵又可统称为地源热泵。

适用领域：主要在公共建筑和新建住宅建筑，其中公共建筑主要包括宾馆、商厦、写字楼、医院、学校等；新建住宅建筑主要包括别墅和居民小区等。浙江热泵主要采用空气源热泵，多用于制取 60℃ 左右的热水。

替代对象：集中供暖设备。

（3）电蓄冷空调。浙江主要以冰蓄冷技术为推广方向，其常规电制冷中央空调系统分为冷源和末端系统。冷源由制冷机组提供 6～8℃ 冷水给末端系统，通过末端系统中的风机盘管，空调箱等空调设备降低房间温度，满足建筑物舒适空调要求。采用蓄冷空调系统后，可以将原常规系统中设计运行 8h 或 10h 的制冷机组压缩容量 35%～45%，在电网低谷时间段（低电价）开机，将冷量以冷冻水的方式蓄存起来，在电网高峰用电（高价电）时间段内，制冷机组停机或者满足部分空调负荷，其余部分用蓄存的冷量来满足，从而达到"削峰填谷"，均衡用电及降低电力设备容量的目的。

适用领域：商场、宾馆、饭店、办公楼等冷负荷高峰和用电高峰基本相同，持续时间长的场合。体育馆、食品加工、啤酒工业、奶制品工业等用冷量大，绝大多数空调负荷在白天的制造业。

替代对象：使用燃气的溴化锂制冷机组。

2. 工业领域

（1）工业电锅炉。电锅炉房的主要设备包括锅炉本体、电锅炉电控柜、蓄热水箱、蓄热水泵、循环水泵、补水泵及其控制箱、软水器等。

电锅炉本体主要由钢制壳体、电加热管、进出水管及检测仪表等组成。电锅炉的加热方式有电磁感应加热方式和电阻加热方式两种。由于电磁感应加热方式为间接加热，因而热效率较低，约为96%。而电阻加热方式热效率高，可达98%。电阻加热方式即采用电阻式管状电热元件加热，在结构上易于叠加组合，控制灵活，更换方便。目前电锅炉基本上都采用电阻式管状电热元件加热。

电热锅炉无污染、无噪声、占地面积小、安装使用方便、维护保养简单、运行成本低、启动迅速、自动化程度高、热效率高，广泛用于机电、化工、纺织等工矿企业与宾馆、饭店、学校、医院、办公楼、公寓楼和娱乐场所。

蓄热电锅炉是以电力为能源，在电网低谷时段将电能转换成热能，通过某种蓄热介质储存并在白天电网高峰时段释放热能以满足建筑物采暖和生活热水需要的一种新型供暖设备。蓄热电锅炉供暖系统主要包括电锅炉、蓄热水箱、热交换器、热源系统循环水泵和定压装置等设备。

技术特点：蓄热电锅炉自动化程度高、调节速度快、操作方便，可以实现无人值班；具有过温、过压、过流、短路、断水、缺相等六重自动保护功能，实现了机电一体化，运行安全可靠。蓄热式电锅炉除具有热效率高、安全、清洁、环保、安装简单等优势外，还可起到帮助电网削峰填谷、帮助用户降低运行费用的作用。从能效水平看，蓄热式电锅炉热效率可达98%，高于燃气锅炉80%的热效率水平。但由于目前蓄热电锅炉受蒸发量的限制，在功能上难以替代大吨位蒸汽锅炉，主要考虑替代2t以下锅炉为主。

技术方向：蓄热式电锅炉根据储热介质的不同可分为水蓄热式电锅炉和固体蓄热式电锅炉。其中，水蓄热式电锅炉通过对水进行加热，并将热水储存于蓄热罐中，达到蓄热目的，是一种较为传统的技术；固体蓄热式电锅炉采用固体储热材料，可大大提高蓄热能力，为下一步重点技术发展方向。蓄热电锅炉按加热方式分为电热管式电锅炉、电磁感应式电锅炉和内热式电锅炉。

蓄热式电锅炉使用领域广泛，主要适用于配电容量富裕、升温速度要求高、对水温有一定要求的场所，用于提供生活热水、采暖和蒸汽。具体可应用于宾馆、酒店、住宅小区供暖、供热水，也可保证桑拿、游泳池、健身中心、美容馆、瘦身中心、脚浴城、饭店、SPA水疗会所等旅游、休闲场所热水供应和学校、医院、机关食堂、澡堂等场所蒸汽、开水、热水供应以及工农业生产用热水供应等。

（2）电窑炉。电窑炉是用耐火材料砌成的用以烧成制品的设备。电窑炉以电为能源，多半以电炉丝、硅碳帮或二硅化钼作为发热组件，依靠电能辐射和导热原理进行氧化气氛烧制。

浙江省工业窑炉主要分布在冶金、机械、建材、石化等行业，数量多，分布广，工业窑炉不仅能耗高，而且燃烧气体直排，造成环境污染。由于工业窑炉以煤窑炉、电窑炉、油窑炉、气窑炉为主。以燃料划分的工业窑炉，电窑炉是污染物排放量最少，以电窑炉替代煤、油窑炉，可以减少局地污染物排放。

在浙江天然气利用仍处于发展阶段，管网铺设、气源保障等还在进一步建设和落实之中，在短期内，天然气还难以成为工业窑炉的主要燃料。以电窑炉替代煤窑炉不论从环保效益还是产品质量来看，具有以下优点：

（1）无燃烧废气排放，防止空气污染，由于没有火焰窑的燃烧气体，不会产生局地的有害烟尘弥散等问题。

（2）在整个窑期内可始终保持满负荷的出料量。在燃料加热的窑炉中，保持热量输入的能力及产品的出料量，往往因为燃料系统恶化而受到限制。在电窑中，通过提高电压来提高电功率输入，即可迅速而简便地补偿由于侧墙造成的额外热量损失。

（3）电易于调节控制，操作范围广，热工制度较燃料窑稳定。

（4）大修时间短，建设投资少，辅助设备简单；占地面积小，安装简单。

用电窑炉替代煤窑炉、油或气窑炉的主要领域是陶瓷和玻璃行业。

3. 交通领域

（1）电动汽车。电动汽车是指以车载电源为动力，用电机驱动车轮行驶，符合道路交通、安全法规各项要求的车辆。它使用存储在电池中的电来发动。在驱动汽车时使用12或24块电池，有时则需要更多。

1）无污染、噪声低。电动汽车无内燃机汽车工作时产生的废气，不产生排气污染，对环境保护和空气的洁净是十分有益的，几乎是"零污染"。众所周知，内燃机汽车废气中的 CO、HC 及 NO_x、微粒、臭气等污染物形成酸雨酸雾及光化学烟雾。电动汽车无内燃机产生的噪声，电动机的噪声也较内燃机小。噪声对人的听觉、神经、心血管、消化、内分泌、免疫系统也是有危害的。

2）能源效率高、多样化。电动汽车的研究表明，其能源效率已超过汽油机汽车。特别是在城市运行时，汽车走走停停，行驶速度不高，电动汽车更加适宜。电动汽车停止时不消耗电量，在制动过程中，电动机可自动转变为发电机，实现制动减速时能量的再利用。有些研究表明，同样的原油经过粗炼，送至电厂发电，经充入电池，再由电池驱动汽车，其能量利用效率比经过精炼变为汽油，再经汽油机驱动汽车高，因此有利于节约能源和减少二氧化碳的排放量。

电动汽车的应用可有效地减少对石油资源的依赖，可将有限的石油用于更重要的方面。向蓄电池充电的电力可以由煤炭、天然气、水力、核能、太阳能、风力、潮汐等能源转化。除此之外，如果夜间向蓄电池充电，还可以避开用电高峰，有利于电网负荷均衡，减少费用。

（2）轨道交通。

1）城市轨道交通有较大的运输能力。城市轨道交通处于高密度运转，列车行车时间间隔短，行车速度高，列车编组辆数多而具有较大的运输能力。单向高峰每小时的运输能力最大可达到 6 万~8 万人次（市郊铁道）；地铁达到 3 万~6 万人次，甚至达到 8 万人次；轻轨 1 万~3 万人次，有轨电车能达到 1 万人次，城市轨道交通的运输能力远远超过公共汽车。据文献统计，地下铁道每公里线路年客运量可达 100 万人次以上，最高达到 1200 万人次，如莫斯科地铁、东京地铁、北京地铁等。城市轨道交通能在短时间内输送较大的客流，据统计，地铁在早高峰时 1h 能通过全日客流的 17%~20%，3h 能通过全日客流的 31%。

2）城市轨道交通具有较高的准时性。城市轨道交通由于在专用行车道上运行，不受其他交通工具干扰，不产生线路堵塞现象并且不受气候影响，是全天候的交通工具，列车能按运行图运行，具有可信赖的准时性。

3）城市轨道交通具有较高的速达性。与常规公共交通相比，城市轨道交通由于运行在专用行车道上，不受其他交通工具干扰，车辆有较高的运行速度，有较高的启、制动加速度，多数采用高站台，列车停站时间短，上下车迅速方便，而且换乘方便，从而可以使乘客较快地到达目的地，缩短了出行时间。

4）城市轨道交通具有较高的舒适性。与常规公共交通相比，城市轨道交通由于运行在不受其他交通工具干扰的线路上，城市轨道车辆具有较好的运行特性，车辆、车站等装有空调、引导装置、自动售票等直接为乘客服务的设备，城市轨道交通具有较好的乘车条件，其舒适性优于公共电车、公共汽车。

5）城市轨道交通具有较高的安全性。城市轨道交通由于运行在专用轨道上，没有平交道口，不受其他交通工具干扰，并且有先进的通信信号设备，极少发生交通事故。

6）城市轨道交通能充分利用地下和地上空间。大城市地面拥挤、土地费用昂贵。城市轨道交通由于充分利用了地下和地上空间的开发，不占用地面街道，能有效缓解由于汽车数量增加而造成道路拥挤、堵塞，有利于城市空间合理利用，特别有利于缓解大城市中心区过于拥挤的状态，提高了土地利用价值，并能改善城市景观。

7）城市轨道交通的系统运营费用较低。城市轨道交通由于主要采用电气牵引，而且轮轨摩擦阻力较小，与公共电车、公共汽车相比节省能源，运营费用较低。

8）城市轨道交通对环境污染低。城市轨道交通由于采用电气牵引，与公共汽车相比不产生废气污染。由于城市轨道交通的发展，还能减少公共汽车的数量，进一步减少了汽车的废气污染。由于在线路和车辆上采用了各种降噪措施，一般不会对城市环境产生严重的噪声污染。

（3）机场桥载设备 APU 替代。目前，当飞机停靠在地面上时，若需要提供飞机所需电源和空调动力，是使用飞机辅助动力装置（APU）这一传统供能方式。APU 是一种使用航空煤油的动力装置，其工作效率较低、耗油量偏大，对于航空公司而言，APU 的开启会增加航空燃油消耗及设备本身维修成本，对于机场，APU 的使用会造成大气和机场噪声等污染问题。

而地面桥载设备（CPU）则可以很好地替代 APU 的使用。CPU 包括桥载空调和地面电源两部分，桥载空调是为飞机客舱提供冷（热）空气的专用空调机组，而地面电源是利用逆变技术将 50Hz 工频电源变换为 400Hz 电源，为飞机在地面停留期间提供启动、检查或维修电能的地面设备。从功能上来说，当机场配备有桥载空调和地面电源两种设备的时候，完全可以替代飞机 APU 的功能，实现利用电能向飞机提供各类服务的要求，避免发动机消耗燃料带来的污染。

使用桥载设备代替 APU，既可以大幅度减少大气污染和降低噪声水平，又有利于保障地面工作人员健康，增加旅客的舒适度，还可以为航空公司节省大量的燃油成本和维修维护成本。

4. 农业生产及农产品加工

（1）农业电排灌。电水泵是以电动机为动力带动泵体输送液体或使液体增压的机械。

技术特点：与柴油泵相比，电水泵具有高效率、低能耗、低排放，高可靠性等优点。农业灌溉长期以来由于思想意识、资金、技术等方面的原因，大部分地区仍在使用柴油泵灌溉农田。

适用领域：按照水泵的原动机分主要分为电动泵，柴油机泵，汽轮机泵，水轮泵，在农田灌溉方面应用的是电动泵和柴油机泵。从替代的角度出发，电水泵的替代主要应用在农业水利相关方面，主要应用于农田灌溉方面。

替代对象：柴油机泵。

（2）农业生产电加热（电制茶、电烤烟）。农业生产及农产品加工领域主要涉及的电能替代技术有电锅炉、电加热、电烘干、热泵热水养殖、电制茶等。

5. 家居生活

随着人民生活水平的提高，家用能源（燃料）的方式也日趋多样化。目前国内大部分家庭使用的能源种类主要有电能、天然气、液化气、管道煤气等，一般的家庭都存在多种能源共同使用的情况。

无论是煤气、液化石油气还是天然气燃烧后均会向大气中排放污染物，造成大气污染，同时明火煮食、取暖等容易引起火灾，给生命财产带来威胁。相比天然气等一次能源，电能属于二次能源，居民在家居生活中更多的使用电能，用新型的智能家用电器替代原有的普通家用电器，减少煤气等不可再生能源的使用，将更有利于营造绿色低碳的环境，这也将让家居生活变得更加安全、便捷。

家庭电气化是以电能替代其他能源，让电能更广泛地运用于家庭生活中的各个角落，实现厨房电气化、家居电气化和洁卫电气化。广泛地使用各种家用电器，无须大花费，采用电能替代其他低效率、高污染能源，提高电能在终端能源消费中的比重，即可享受便捷电器给现代生活带来的新改变，让我们轻松拥有清新洁净的家居环境和真正绿色健康的生活。随着核能、太阳能、风能、潮汐能等新能源的引入，电能的生产成本会随之降低，相信在不远的将来电能的价格会有所下降，这将成为家庭电气化建设的坚强后盾。

在家居生活中的电能替代方式主要为电炊具、电热水器、电暖气等。

（1）电炊具。

电炊具具有热效率高、污染小、清洁干净、便捷、安全可靠等优点。从能效水平看，电炊具的终端利用效率可达90%以上，远远高于传统燃气灶55%左右的热效率水平。

电炊具按其加热方式，可分为电磁加热炊具和直热式电炊具。电磁加热炊具主要包括电磁炉和微波炉；直热式电炊具主要包括电饭煲、电水壶等。而电磁炉（又称电磁灶）是电炊具中最为新颖和先进的产品，具有较大的市场推广潜力和电能替代空间。

电炊具主要集中在居民生活和餐饮业。其中，居民生活领域主要体现在家用厨房电气化水平的提高；商业领域主要包括宾馆、饭店、酒楼、中西快餐业、火车餐车、轮船餐厅、部队、企业、机关食堂、火锅店等商用厨房。

（2）蓄热式电暖器。

蓄热式电暖器除具有热效率高、安全、清洁、舒适、环保、安装简单等优势外，还可起到帮助电网削峰填谷、帮助用户降低能源成本的作用。从能效水平看，蓄热式电暖器热效率可达98%，高于燃气采暖炉的热效率水平（80%）。

蓄热式电暖器可广泛用于住宅、办公室、宾馆、商场、医院、学校等各类民用与公共建筑。

（二）电能替代政策现状

1. 电能替代领域目标及相关政策

（1）国家政策。

国务院印发《国务院关于印发大气污染防治行动计划的通知》（国发〔2013〕37号），加快推进集中供热、"煤改气""煤改电"工程建设，到2017年，京津冀、长三角、珠三角等区域细颗粒物浓度分别下降25%、20%、15%左右，其中北京市细颗粒物年均浓度控制在$60\mu g/m^3$左右。

《国务院办公厅关于加快新能源汽车推广应用的指导意见》（国办发〔2014〕35号）等文件精神，中央财政拟安排资金对新能源汽车推广城市或城市群给予充电设施建设奖励。

国家发改委印发《推进电能替代的指导意见》（发改能源〔2016〕1054号），从推进电能替代的重要意义、总体要求、重点任务和保障措施四个方面提出了指导性意见，为全面推进电能替代提供了政策依据。明确2016—2020年，实现能源终端消费环节电能替代散烧煤、燃油消费总量约1.3亿t标煤，带动电煤占煤炭消费比重提高约1.9%，带动电能占终端能源消费比重提高约1.5%，促进电能占终端能源消费比重达到约27%。

（2）浙江省政策

浙江省人民政府印发《浙江省大气污染防治行动计划（2013—2017年）》，实施煤（油）改气（电）工程，到2017年，全面实施改气（电）或集中供热工程，淘汰除执行大气污染物特别排放限值的10t/h以上锅（窑）炉外的所有高污染燃料分散锅炉和窑炉；全省细颗粒物（PM2.5）浓度在2012年基础上下降20%以上。全省禁止新建20t/h以下的高污染燃料锅炉，禁止新建直接燃用非压缩成型生物质燃料锅炉。鼓励使用新能源和清洁能源汽车，公交、物流、环卫等行业和政府机关率先推广使用新能源汽车。

浙江省经信委等七部委印发《关于加快实施电能替代的意见》（浙经信资源〔2015〕257 号），严格执行电能替代三年行动计划，积极引导全社会用能单位煤改电、油改电，促进节能减排，推动绿色、低碳发展，为建设生态文明和美丽浙江做出积极贡献。力争到 2017 年，完成电能替代电量 90 亿 kWh，其中全省煤（油）锅炉电能替代改造 1200t；热泵应用 1200 万 m²；电窑炉 72 万 kVA；冰蓄冷 60 万 m²；港口码头低压岸电工程覆盖率达到 50%；机场廊桥岸电设备覆盖率 100%。

浙江省经信委《关于做好 2015 年全省电力需求侧管理和有序用电工作的意见》（浙经信电力〔2015〕230 号）明确深入开展电力需求侧管理要求，要进一步加强技术节电，大力推广电力蓄能、热泵、绿色照明和高效电机、建筑、交通运输等节能环保技术，优先选用电能等清洁能源，做好以电代煤（油）工作。

2. 投资政策

浙江省人民政府办公厅《关于进一步加大力度推进燃煤（重油）锅（窑）炉淘汰改造工作的通知》到 2017 年年底，全省县级以上城市禁燃区（除集中供热外）全部淘汰改造燃煤（重油）锅（窑）炉，非禁燃区基本淘汰改造 10T/h 以下分散燃煤锅（窑）炉。补贴锅（窑）炉淘汰改造。按替代或关停前锅炉容量进行补贴。补贴标准：2015 年 1.5 万元/T、2016 年 1.2 万元/T，2017 年 1 万元/T。严格锅（窑）炉排放标准。2016 年底前某市 10T/t 以上燃煤锅炉（不含发电和热电联产锅炉）全面完成清洁化改造，锅炉排放达到环保部大气污染物特别排放限值（即颗粒物≤30mg/m³，SO_2≤200mg/m³，NO_x≤200mg/m³）。电价政策。

3. 电价政策

浙江省物价局《浙江省物价局关于调整省电网销售电价有关事项的通知》（浙价资〔2011〕382 号）规定：① 所有蓄热型锅炉的低谷用电时段为：11:00—13:00；22:00—8:00；② 蓄热型电锅炉的低谷电价参照相同电压等级大工业分时低谷电价执行；③ 经省级权限部门认定的高效蓄能热泵热水机组用电参考上述标准执行。

浙江省人民政府办公厅《浙江省人民政府办公厅关于进一步降低企业成本优化发展环境的若干意见》（浙政办发〔2016〕39 号），第三点指出要切实降低企业用能成本，由省物价局牵头降低一般工商业及其他用电价格；由省物价局、省经信委牵头对燃煤（油）锅炉电能替代改造完成后用电实行优惠电价，对自备电厂关停后的企业用电实行优惠电价。

（三）面临的问题

在推进电能替代工作中，某市因地制宜，抓准重点领域，各方协调合作，加强宣传和沟通，开通绿色通道，确保电能替代改造项目能够按计划有序进行。经过近三年的努力，某市在推进电能替代工作取得了一定的成绩，但同时也存在一些问题。

（1）技术方面：① 生产工艺决定了企业的用能方式。企业的生产工艺往往由可研编制单位决定，工艺一旦确定再实施电能替代则难度较大。如设计单位为某年产 10 万 t 再生铝合金锭、50 万 t 铝合金压铸件项目选择的用能方式为天然气，此时实施电能替代的可能性较小。② 有快速升、降温要求的大容量加热工艺，电能难以满足要求。如诺贝尔瓷砖制造企业的能耗主要是天然气、煤制气。③ 多数企业生产工艺采取跟随策略，缺乏技术创新动力。如多数食品加工企业目前使用煤锅炉产生蒸汽用于加工食品，如果龙头企业采用"以气代煤"，则类似企业也往往采用天然气。④ 热电联产集中供热，技术经济上更可行。政府往往将对有用热需求的企业引入产业园区，通过集中供热方式提供热能。

（2）经济方面：① 经济形势下滑导致许多企业持观望态度。由于经济的下滑，导致很多企业生产下滑甚至停产，企业选择保守观望，不轻易投入成本进行改造。② 电力缺乏灵活的市场调节机制。由于石油、天然气价格的持续下跌，电力设备运行费用较高，天然气等清洁能源已经成为电力的有力竞争对手。③ 实施电能替代后，现有用户的配电设备一般不能满足要求，增容费用等初期投资较大，用户投资意愿不强。

（3）政策方面：① 政府将单位 GDP 电耗作为政府能源双控的考核指标，部分地区存在电量增加部分与纳税挂钩现象，另外部分用户对迎峰度夏及度冬期间的电力稳定性产生疑问，以及企业担心电能替代之后生产工艺会受到影响，由此制约了地区电能替代工作的开展。② 电价优惠和附加减免政策还未落到实处。如热泵项目因省级权限认定部门一直未明确，其享受大工业低谷电价目前还无法操作。电能替代用电负荷增加增容后，往往会产生基本电费支出，增加了用户费用，政府暂未出台政策对这部分费用进行减免。③ 替代补贴、环保补贴等政策支持力度还不够大。用户改造费用相应优惠政策参差不齐，从而造成部分地区用户缺乏改造热情。农村电炊具的推广也缺少相关补贴政策，居民阶梯电价也制约居民电炊具的推广。④ 港口（海港、空港）缺乏强制使用岸电的政策。多数海轮、飞机靠岸后依旧使用燃油发电满足其用电需求。

（4）市场方面：天然气公司往往为地方所有，且具有定价权。从占领能源供应市场角度，有些地方政府在大力推广"以气代煤"、集中供热或天然气电厂"冷热电"三联供等能源供应新模式。

（5）"以电代煤"潜在用户对电能替代技术存有疑虑。由于 GDP 能耗作为政府考核指标，用户担心用电后能源评估能否通过；部分地区存在电量增加部分与纳税挂钩现象；另外部分用户对迎峰度夏和度冬期间的电力稳定性产生疑问以及企业担心电能替代之后生产工艺会受到影响。

（6）专项技术人员储备不足。因电能替代是项新型的任务，且牵涉如机械、锅炉等较多专业。目前，电能替代相关人员专业知识主要是限于电网相关知识，缺乏具有机械、锅炉等专业知识的人才储备，在和用户接触中难以发挥基层业扩人员的优势。

（7）舆论宣传力度不够。电能替代是新事物，电能替代工作开展也是近三年的事情，各方面目前宣传力度还不够，全社会对电能替代的国家战略意义，环境保护意义，对电能替代的紧迫性及自身利益相关性认识不足。

二、电能替代负荷接入电网适应性分析

（一）电能替代的负荷特性

某市电能替代技术主要集中在电锅炉、电窑炉、热泵、电动汽车、港口岸电等几类。

每种电能替代技术用电负荷呈现不同的形态，下面就分领域介绍典型电能替代技术的用电规律、用电特性和负荷特性差异。

1. 建筑领域

热泵是经电力做功，将低位热能转换为高位热能的设备。其相应负荷曲线如图6-7所示。

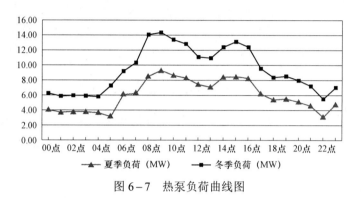

图6-7　热泵负荷曲线图

从图6-7可以看出，冬季和夏季的负荷曲线趋势较为一致，但是冬季负荷峰值较夏季高40%；日负荷用电峰值分别出现在8:00和17:00附近，峰谷差较大。

2. 工业领域

（1）电锅炉。电锅炉房的主要设备包括锅炉本体，电锅炉电控柜、蓄热水箱、蓄热水泵、循环水泵、补水泵及其控制箱、软水器等，其相应负荷曲线如图6-8所示。

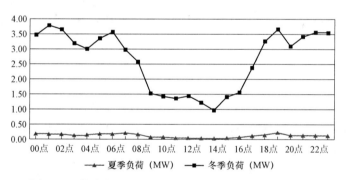

图6-8　某市电锅炉夏季典型日和冬季典型日负荷曲线

从图6-8中可以看出，电锅炉用于提供生活热水、采暖和蒸汽，季和夏季的负荷特性差异较为明显，夏季基本无负荷，冬季负荷最高达到4MW；冬季日负荷用电峰值分别出现在2:00—8:00和18:00—22:00，和省内统调负荷的用电高峰重合。

（2）电窑炉。电窑炉是用耐火材料砌成的用以烧成制品的设备，由于电窑炉主要用于陶瓷和玻璃行业等工业领域，峰值负荷较大，达到260MW左右；负荷出现时间在8:00—22:00。

3. 电动汽车

浙江省是国内电动汽车研发和应用推广较早的地区之一，电动汽车充电负荷特性如图6-9所示。

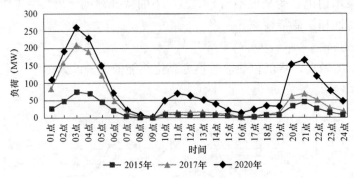

图 6-9　某市电动汽车典型日负荷曲线

电动汽车负荷对季节不敏感，仅在单日具有明显的波动特性。从图 6-10 可以看出，电动汽车集中充电时间区间分布在：① 22:00—次日 5:00（公交车在夜间充电）；② 8:00—14:00。

4. 岸电

岸电是公共电网为停靠在机场、码头的飞机、船舶设备临时提供供电服务的技术，主要分为机场岸电和港口岸电。机场、港口内飞机、轮船使用辅助发动机不仅能耗高、噪声大、污染高，且影响机场、港口的安全性。同时，港口岸电利用港口电网代替传统自备柴油发电机组提高了能源利用水平，大大降低了发电机组运行时产生的噪声污染。

大型船舶的接口问题需要交通、船级社、码头各方协调，高压岸供电可暂时作为示范项目实施，低压港口岸供电技术方案已经基本解决，可大力推广实施。关注内河主要航运码头的岸供电可行性，特别要考虑在容易堵塞的船闸附近永久、临时停靠点建立岸供电源的可行性。虽然岸电对于增供扩销贡献不大，但对于解决船民的生活质量和社会安定有非常好的社会效益。

岸电的主要应用领域是内河港口和海港。

图 6-10 为某市港口岸电项目夏季和冬季典型负荷特性曲线，从负荷特性曲线可以看出：岸电负荷主要集中在白天的早上 8 点到下午 4 点，日负荷用电峰值分别在早上 8 点、下午 4 点，峰谷差较大。

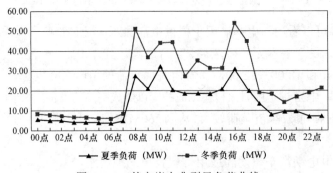

图 6-10　某市岸电典型日负荷曲线

（二）对电网负荷特性的影响分析

某市大力发展电能替代技术，已涵盖24个领域。目前应用较为广泛的电能替代技术主要有电锅炉、电窑炉、热泵、电动汽车、港口岸电等。大量实施电能替代项目势必会对电网负荷造成冲击，由于不同项目的负荷曲线有较大的差异，下面选取几种电能替代技术对负荷特性的影响进行分析。

1. 电采暖项目负荷影响分析

典型日基础负荷及电采暖负荷曲线对比如图6-11所示。

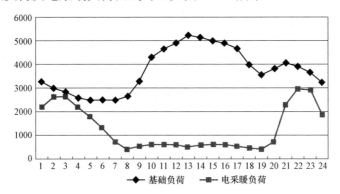

图6-11　典型日基础负荷及电采暖负荷

随着用电负荷峰谷差的日益增大，将直接影响电网的安全稳定运行。电采暖项目实施后，电采暖可以充分利用夜间谷电，使采暖增加的用电负荷集中于低谷用电时段，有效缓解供电压力，提高电网输电安全。从负荷叠加特性曲线可以看出，二次波峰分别出现在凌晨2点和晚间22点，利用低谷电采暖储热，有效缓解日间峰电时段电能需求。

2. 电动汽车充电设施负荷影响分析

典型区域内日基础负荷及电动汽车充电负荷曲线如图6-12所示。

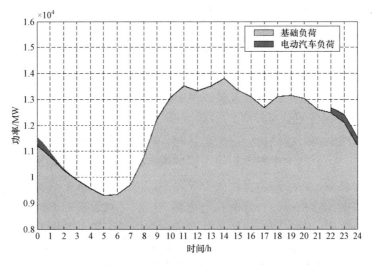

图6-12　典型区域内日基础负荷及电动汽车充电负荷

从图 6-12 可知，受现行峰谷电价引导，电动公交车、私家车主要在低谷时段充电，从负荷特性曲线来看，电动汽车充电和居民负荷高峰错开，电动汽车负荷可以起到削峰填谷作用，以提高电网设备运行效率，提高电网设备经济效益。

3. 热泵项目负荷影响分析

热泵高峰负荷主要集中在白天，而电网政策高峰负荷也是在白天，所以典型区域热泵负荷曲线与基础负荷形状基本类似，热泵负荷提高了系统日高峰负荷，对电网产生一定的冲击，如图 6-13 所示。

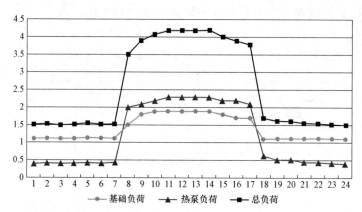

图 6-13　典型区域内日基础负荷及热泵负荷

（三）对电网经济运行的影响分析

随着电能替代项目的实施，电能替代负荷对电网运行特性的影响越来越显著，主要表现在用电设备接入对电能质量、配电网可靠性以及电网经济性产生一定影响，进而影响电网规划。

1. 电能替代对供电可靠性的影响

随着电能替代用电设备接入电网，接入电网的规模、接入位置、调控策略等因素，都会对配电网的可靠性产生影响。新增的负荷不仅会影响局部配电网的负荷平衡，聚集性使用可能会导致局部地区的供电能力不足；不同电能替代用电负荷的叠加或负荷高峰时段的集中使用等行为将会加重配电网负担。当多项用电设备在负荷高峰时刻使用时，产生的电网电流需求会使电力系统过载，使剩余电量储备增加，电网效率降低。

2. 电能替代对电能质量的影响

因传统配电网的辐射状结构，稳态运行时，电压沿着馈线的潮流方向逐渐降低。部分电能替代设备，如电动汽车充电设施、铁路电气牵引设备和热泵等接入配电网后，给电网带来了各种扰动，对电能质量产生不少影响。一方面，由于其设备的启动、输出功率的突变引起的电压闪变；另一方面，由于有些电能替代设备是非线性设备，工作时容易产生大量谐波电流，对电网造成污染并造成电能质量下降等负面影响。下面就以典型的充电机和电气化铁路为例说明电能替代设备接入对电能质量的影响。

电动汽车蓄电池充电属非线性负荷，充电过程中主要对电网产生谐波污染。电动汽车引起的谐波问题来自车用充电机。充电机引起的谐波特点是 3、5、7、11、13 次为主要谐波数，其中含有率最大的是 5 次谐波电流。当多台充电机同时工作时，电流总谐波畸变率会小，主要是因为不同充电机产生的谐波流可以相互抵消。因此，一般情况下，工作的充电机台数越多，电流总谐波畸变率越接近某一恒定值。

电气化的电力牵引负荷为单相非线性冲击负荷，功率大，在运行过程中有较大的负序电流注入电网，导致电力系统三相不对称运行，还会产生高次谐波，使电网电压波形产生畸变，以及大量无功需求使供电系统电压偏移和波动。经过对电能质量综合治理问题进行深入的研究，主要的治理方案包括采用静止无功补偿器、静止同步补偿器和有源电力滤波器。

3. 电能替代对电网经济性的影响

考虑电能替代项目等对电网投资、运行成本的影响，及其带来的环境效益、政策补贴等收益，利用经济学相关理论进行效益评估。

电网的投资成本。考虑电能替代用电设备接入，电网侧需增加相应并网工程带来的设备投资费用以及并网工程的建设投资费用。用电设备的接入可能对电网的电能质量产生影响。例如电压闪变、谐波和频率波动。为保证电能质量，电网侧需要增加相关设备的投资。

运行成本。风电、光伏、储能及电动汽车的运行成本一般包括日常定期维护运行所需的材料与备件费用、在计划及非计划检修中需要的修理费用，设备租赁费用、人员工资及福利等。

降低电网峰荷延缓配电网建设投资的效益。当配电网无法满足负荷增长要求时，通常需考虑对配电网扩容。传统的扩容方法通常是在成本最小化的规划思路下扩大主变压器和线路容量。电动汽车负荷等柔性负荷能削峰填谷，具有延缓电网建设投资的作用。在配电网出现供电容量缺额的情况下，柔性负荷可作为线路或变电站的替代方案。并且，负荷增长速度越慢，其替代作用越显著。

（四）对电气设备的影响分析

对于煤改电项目集中的区域，区域负荷增量较大，现有的电网运行设备可能出现不满足负荷增长需求的情况，因此，对于该类区域电网的线路、变压器等电气设备选型应按照高标准进行改造，如中压架空线路主干线截面宜采用 240mm²、185mm²，分支线截面宜采用 120mm²、70mm²，导线截面选择应考虑设备正常寿命期内负荷增长一次选定，现有不合理的地方一次性改造到位。同时，现有配电变压器容量不足的区域，也需按照项目实施后负荷增长需求，同时考虑一定的发展裕度，一次性建设改造到位，避免出现供电能力不足的问题。

（五）对电网结构的影响分析

电能替代项目的实施，相对来说是电网中负荷点增加，电网运行结构复杂化，同时负荷的增加可能导致线路"N−1"通过率降低，但同时，大量电能替代项目投运，区域负荷增长较大，供电公司也会加大对该区域电网的投入，如新增布点等，可以使区域内电网结构得到进一步优化,从而提高供电可靠性。

三、指导思想与规划原则

(一)指导思想

认真贯彻"清洁和绿色方式满足全球电力需求"的峰会精神,落实"以电代煤、以电代油,提高清洁能源比重"的工作要求,促进能源消费革命,落实能源发展战略行动计划及大气污染防治行动计划,以提高电能占终端能源消费比重、提高电煤占煤炭消费比重、提高可再生能源占电力消费比重、降低大气污染物排放为目标,根据不同电能替代方式的技术经济特点,因地制宜,分步实施,逐步扩大电能替代范围,形成清洁、安全、智能的新型能源消费方式。

(二)规划原则

1. 总体原则

按照"统一规划、分步实施、总体达标"的要求,"十三五"期间电能替代工作的推进原则如下:

(1)坚持因地制宜,多方参与。综合考虑各县(市、区)经济发展水平、能源资源赋存、基础条件等差异,结合实际,因地制宜,推进某市电能替代发展;发挥电力企业、装备制造企业、用户等市场主体的积极性,在合作共赢的基础上合力推动电能替代发展。

(2)坚持政府引导,企业主体。切实发挥政府引导作用,综合运用经济、技术和必要的行政手段,加快推进电能替代工作健康发展;进一步落实企业主体责任,着力健全激励和约束机制,引导用能单位选择合理电能替代技术与设备,代替燃煤(油)等高污染、高能耗设备。

(3)坚持突出重点,统筹兼顾。以淘汰燃煤锅炉工作为契机,逐步淘汰高污染燃料锅炉(窑炉)等,加快煤(油)改电工作,重点推动小型电锅炉、电加热蒸汽发生器、热泵、电窑炉等设备的应用。同时,结合各地实际情况,开展电能替代示范区的建设,以及统筹推进电动汽车、电蓄冷、电炊具、金属铸造及表面热处理等其他电能替代技术的推广应用工作。

(4)坚持组织保障,有效推进。成立电能替代工作领导小组,坚持发挥政府、机关事业单位带头表率作用,供电部门做好电能替代项目配套设施建设,保障用户的项目审批,提供技术指导咨询等工作,确保有效推动电能替代工作。

2. 技术原则

根据实施电能替代项目负荷增长的速度和电网建设发展时期的要求,确定不同类型项目接入的电压等级,浙江省的电能替代项目分布较为分散,单个项目负荷增量较小,因此以接入 10kV 和 0.38kV 为主。接入原则为单个项目 8～400kW 接入 0.38kV,400～600kW 可接入 10kV,5000～30 000kW 可接入 35kV 及以上电压等级。

典型接入模式如图 6-14～图 6-20 所示。

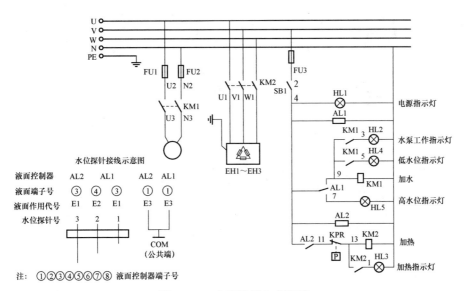

图 6-14　电锅炉接入方案图

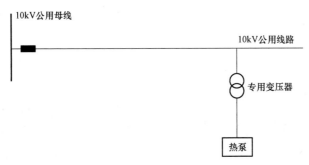

图 6-15　热泵接入方案图

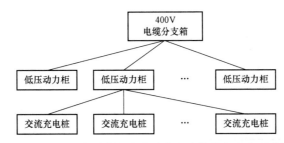

图 6-16　居民小区集中式小功率充电桩接入方案示意图

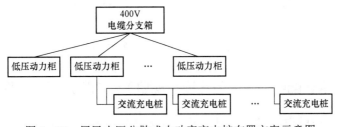

图 6-17　居民小区分散式小功率充电桩布置方案示意图

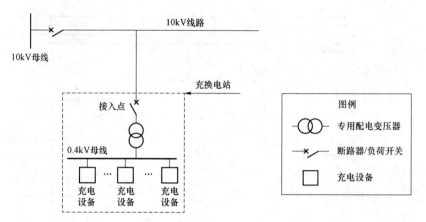

图 6-18　充换电站接入 10kV 线路

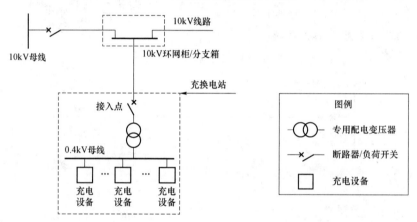

图 6-19　充换电站接入 10kV 环网柜、电缆分支箱

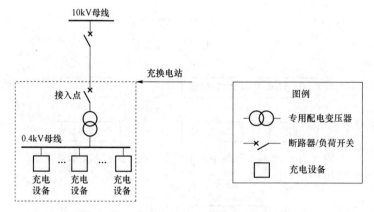

图 6-20　充换电站接入变电站 10kV 间隔

四、新型城镇化配电网电能替代项目规划工作内容及工作流程

新型城镇化配电网电能替代项目规划具体工作内容和工作流程与配电网规划工作相类似，主要包括电网现状、负荷预测、技术原则、规划方案、投资估算、成效分析等及

部分内容。

1. 电网现状

分析和统计规划区域内高压电源点，变电容量，中压供电线路规模，及其运行情况。配电网现状分析详见第二章。

2. 负荷预测

根据接入负荷的类型与特性，以及收资情况选择负荷预测方法，完成负荷预测。负荷预测具体流程详见第三章。

3. 技术原则

根据接入负荷的类型与特性，在总体原则的基础上，补充详细的技术原则。

4. 规划方案

详细介绍工程方案的建设规模，新建或改造方案，电源接入方案等。

5. 投资估算

估算项目工程量与投资规模。

6. 成效分析

对项目建设前后进行对比，详细论述项目完成后的建设成效，包括节能减排，经济效益等方面。

第五节　分布式电源接入规划

一、分布式电源的发展现状

（一）资源情况

根据我国太阳能资源分布图,浙江属于第Ⅲ类资源可利用区,年太阳辐射总量 4202～5002MJ/m²，相当于平均日辐射量 11.5～12.7MJ/m²。年平均日照时数为 1650～2105h，累计年平均日照时数在 6h 以上的可利用天数为 153～200d。

浙江省多年平均总辐射量在 4220～4950MJ/m²，全省平均为 4440MJ/m² 左右；多年平均直接辐射量在 1870～2550MJ/m²。

嘉兴市新能源及分布式电源资源发展较早，形式多样，以太阳能为主。太阳能资源分布广泛，开发利用前景广阔。太阳能发电作为太阳能应用的重要方式，已被广泛接受和应用。

嘉兴市位于东经 120°18′～121°18′，北纬 30°15′～31°，嘉兴市太阳能年辐射量在 4000～5000MJ/m²，年平均日照 2017.0h，标准光照下年平均日照时间在 3～3.8h，属于四类地区，太阳能资源条件一般。从太阳能光伏发电整体效率效益来说，适宜大力发展分布式光伏发电，少数有条件地区可依据当地资源情况利用农业大棚及鱼塘有序发展建设集中式光伏电站，各县（市、区）太阳能资源分布见表 6-2。

表 6-2

区域	太阳能辐射量（MJ/m²）	年日照小时数（h）	日照百分率（%）
南湖区	4220～4950	2015	37～49
秀洲区	4200～4854	2017	40～43
嘉善县	4320～4782	1863	39～43
平湖市	4220～4854	2017	38～42
海盐县	4216～4334	1835	35～53
海宁市	4220～4950	1986	40～45
桐乡市	4350～4691	1899	41～46

太阳能发电技术分为光热发电和光伏发电两种方式。光热发电是将光能转变为热能后，再通过热力循环做功发电的技术；光伏发电是由光子使电子跃迁形成电位差，直接将光能转变为电能技术。两者存在差异：① 光伏发电产生直流电，光热发电产生交流电可直接上网；② 光热发电对太阳能资源利用率30%，光伏发电为60%；③ 光热发电储能方式使光热发电可具备调峰的功能；④ 光伏发电的光电转化模块化设计，功能独立，适合分散式发电，现场安装和后期维护相对简单；⑤ 光热发电技术，除了斯特林（碟式）本身因为有类似于光伏的模块化的特点以外，其他光热方式更适合于大型的集中式发电，其经济性只有在大规模的集中发电中才能体现。目前，我国形成产业化的太阳能发电以光伏发电为主。

（二）政策条件

浙江省光伏发电项目执行以下发电量补贴政策：浙江省物价局、浙江省经济和信息化委员会、浙江省能源局出台了《关于进一步明确光伏发电价格政策等事项的通知》（浙价资〔2014〕179号）、《关于鼓励企业自投自用分布式光伏发电的意见》（浙经信投资〔2014〕488号）。补贴标准在国家规定的基础上（三类地区集中式光伏电站标杆电价 1.0 元/kWh，分布式光伏发电在煤电标杆电价 0.458 元/kWh 的基础上补贴 0.42 元/kWh），浙江省再补贴 0.1 元/kWh。

在省政府规定的补贴基础上，2015 年嘉兴市人民政府印发《嘉兴市推进光伏发电应用专项行动方案》的通知，进一步促进光伏及其相关产业的发展力度。

自 2013 年起至 2015 底，对市本级 200MW 分布式光伏发电项目进行电量补贴，补贴标准为 0.1 元/kWh，连续补贴 3 年（已享受国家"金太阳""光电建筑一体化"项目投资补助的光伏发电项目，不再补贴）。嘉兴市专业合同能源管理服务公司全额投资合同能源管理项目，符合条件的，按项目实际设备投资额的 10% 给予一次性补助，单个项目补助最高 200 万元。

1. 秀洲区

对列入国家分布式光伏发电应用示范区的光伏发电项目，按期建成并网发电后，按装机容量给予一次性 1 元/W 的补助。鼓励优先采购本区光伏产品，对本区产品占设备投入 30% 及以上的项目给予 100% 补助，低于 30% 的给予 80% 补助。

2. 桐乡市

对 0.1MW 以上示范项目给予 1.5 元/W 的一次性投资补贴，并且投产前两年按 0.30 元/kWh 补贴，第 3～5 年按 0.20 元/kWh 补贴。对屋顶出租方按实际使用面积给予一次性 30 元/m² 的补助。采购本市光伏企业生产的产品，按采购价格的 15%给予奖励。

3. 平湖市

连续 5 年每年安排培育扶持资金 1000 万元，实行发电量补助。对企业投资光伏发电，前两年按 0.15 元/kWh，第 3～5 年按 0.1 元/kWh 标准给予补助；对居民住宅屋顶投资建设屋顶光伏发电项目，前两年按 0.2 元/kWh，第 3～5 年按 0.1 元/kWh 标准给予补助。

4. 海宁市

对市内光伏项目经批准，装机容量达 0.1MW 以上的，除享受国家、省补贴外，实行电价地方补贴。

（1）对 2015 年度新建项目继续实施电量补贴，补贴标准调整为 0.2 元/kWh，补贴时间截至 2018 年年底。坚持"先建成、先补助"的原则，对申请补贴的项目按 60MW 规模实行额度管理。对额度内项目的屋顶提供方按 0.2 元/W 给予一次性奖励。

（2）对 2014 年度投资的续建项目于 2015 年并网的，按 0.2 元/kWh 给予电量补贴，补贴时间截至 2018 年年底。屋顶资源提供方仍按 0.3 元/W 给予奖励。

（3）对利用公共建筑屋顶建设的分布式光伏发电项目，按建安费的 5%给予一次性奖励。

（4）对光伏小镇内的成片居民住宅光伏发电项目按 3 元/W 给予投资补助，单户最高不超过 6000 元，不同时享受我市电量补贴。对利用村级办公用房建设的分布式光伏发电项目，参照本条执行。

（5）适度支持光伏小镇内与设施农业相结合的"农光互补"电站项目，按 0.2 元/kWh 给予电量补贴，补贴时间截至 2018 年年底，2015 年补助额度控制在 10MW 以内。

在嘉兴市投资建设光伏发电项目，是发展循环经济模式，建设和谐社会的具体体现。对推进太阳能应用及光伏发电产业的发展进程具有重要意义，预期有着合理的经济效益和显著的社会效益。

（三）存在问题

1. 发展环境方面

（1）建设资源有限。随着建设用地开发日趋成熟，未来可利用屋顶资源增速有下降趋势，影响太阳能发电下一步发展；个别企业抢占屋顶等建设资源，导致项目选址随意性大，存在无序竞争现象，需要加强监管力度，引导资源有序合理利用。

（2）技术创新不足。现有光伏企业主要集中在晶硅电池制造领域，在技术、设备等方面成本优势不明显，控制不稳定、自动化水平较低。从光伏新技术来看，薄膜电池设备基本依赖进口，聚光电池应用较困难，自主创新能力较弱，国际竞争力有限。

（3）安全运行压力。分布式光伏发电组件依附居民住宅、工业厂房、商业大楼等建筑安装，而这些建筑物载体具有人口密集或存放有易燃物质的特点，光伏发电项目在此环境下运行发电，对人员、生产、物资存在一定安全隐患，需要加强运行维护监管。

（4）光伏发展不平衡。嘉兴各地区光伏发电不平衡主要体现在两方面：① 现有并网光伏容量不平衡，现有并网容量有一半在海宁；② 对光伏的支持政策不平衡，主要体现在补贴政策以及国土、水利等部门对光伏项目政策解释不统一。

2. 规划建设方面

（1）发展规划滞后。近年来，在太阳能光伏发电快速发展的同时，因缺乏规划指引，光伏布局和电网布局衔接不够，少数已并网光伏装机缺乏电网布局支撑，太阳能发电消纳问题突出，需要完善相关规划，引导太阳能发电科学合理、经济有效的发展。

（2）标准体系仍待建设。标准体系不够健全，光伏电站设计、建设、验收和评估标准尚不完善，光伏设备产品检验机制尚需健全，电站的设备、设计、施工和运维等质量难以保证，影响光伏系统长期稳定运行。

（3）配套工期匹配困难。按照国家有关规定，新能源电站送出工程由电网公司负责。按照依法治企要求，项目前期需履行规划、国土、环保等行政审批程序，取得核准批复方能安排投资计划，进入实施阶段，也还需履行物资、设计、施工、监理招投标程序，本身流程较长，加之管线工程较电站本体在地方政策处理上有更多困难，导致项目建设周期有较大差距，无法全面满足电源业主对投产时限要求。

（4）电源侧监管力度不足。新能源发电项目开发建设过程监管问题，存在项目已获核准和备案的项目随意变更业主、规模甚至停止建设，造成电网配套工程投资浪费。

3. 运行安全方面

（1）电网调峰影响。风力、太阳能电源大多具有出力间歇性的特点，其出力随风速和太阳辐射强度变化，具有极大的随机性，电网运行需要留有充足的备用容量，适应新能源发电的随机出力波动。

（2）电能质量的影响。

电压分布及波动：传统的单向辐射型网络中，潮流由源节点流向负荷节点，电压沿潮流流向逐渐下降。光伏、风电等新电源接入配电网后，配电系统从放射状结构变为多电源结构，会引起潮流大小和方向发生改变。不同类型、容量的分布式电源分散在不同位置，电网运行中会出现靠近分布式电源的地方电压幅值有所升高，甚至超过电压要求上限的情况。另外新能源出力受气象影响大，出力随机性大，使电压波动变大，容易出现闪变。光伏分散、集中接入后的电压分布分别如图 6-21 和图 6-22 所示。

谐波：新型的变速风力发电机组中装设有大容量的电力电子设备，在向电网送出有功功率的同时，必然会向电网注入一定量的谐波。机组的输出功率大小决定谐波电流的大小，在正常运行状态下，变流器装置的结构设计及其安装的滤波系统状况决定谐波干扰的程度。

光伏并网发电系统通过逆变器并网时，高频过流保护会使逆变器开关速度延缓，导致输出产生谐波；在太阳光急剧变化、输出功率过低、变化过于剧烈的情况下，产生谐波会很大。随着光伏发电在配电网系统渗透率的增加，多个谐波源叠加造成的谐波含量会严重影响电能质量，不仅如此，多个谐振源还有可能在系统内激发高次谐波的功率谐振，使并网点的谐波分量有可能接近或超过相关规定。

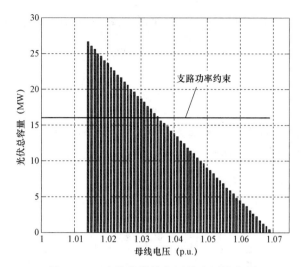

图 6-21 光伏分散接入后的电压分布图

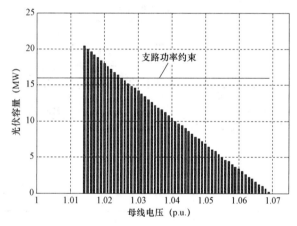

图 6-22 光伏集中接入后的电压分布

（3）供电可靠性的影响。分布式电源的接入相当于增加了系统备用电源的数量与容量，一定程度上提高了系统的可靠性。当分布式电源的渗透率提高至一定程度后，系统的部分负荷必将由分布式电源主动承担，此时配电网上级降压变电站的容量就可以小于系统总负荷，在这种情况下由于风电机组、光伏阵列等可再生分布式电源出力的波动性及其自身可靠性等原因。分布式电源的出力不足或退出运行可能会导致系统缺电，从而影响系统的可靠性。

（4）继电保护的影响。配电网目前广泛应用的是三段式电流保护。当分布式电源接入配电网后，放射状的配电结构变成多电源结构。当高渗透率分布式电源将对配电网故障电流的大小、方向以及持续时间将造成影响，分布式电源本身的故障行为也会对系统运行和保护产生影响。原有的保护方式将发生较大的转变，需要在实践中不断摸索和完善。

（5）短路电流的影响。配电系统中，短路保护一般采用过流保护加熔断保护。一般认为在配电侧发生短路时，分布式电源对短路电流贡献不大。例如，光伏配电网稳态短路电流一般比额定输出电流大 10%～20%。短路瞬间的峰值电流和光伏逆变器自身的储能元件和输出控制性能有关，另外，光伏逆变器一般也配置了低电压保护和过电流输出保护。

二、适应性分析

（一）评价指标

适应性评价包括 10 项评价指标，涉及各分区电网适应性评价、各电压等级适应性评价和整体电网适应性评价 3 个层级，如图 6-23 所示。评价指标及评分标准见表 6-3。

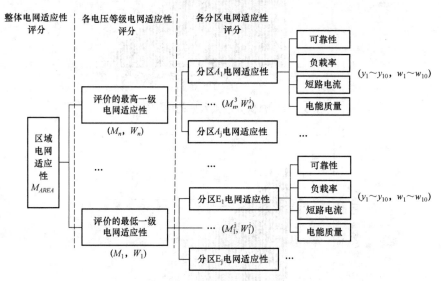

图 6-23　适应性评价指标体系

表 6-3　　　　　　　　　　适应性评价指标及评分标准

序号	一级指标	二级指标	一级指标权重	二级指标权重	评分公式
1	可靠性	变压器可靠性	0.3	0.15	$Y=-100X$
2		线路可靠性		0.15	$Y=-100X$
3	负载率	变压器满（过）载率	0.3	0.15	$Y=-100X$
4		线路满（过）载率		0.15	$Y=-100X$
5	短路电流	短路电流超标率	0.15	0.15	$Y=-100X$
6	电能质量	电压偏差超标率	0.25	0.1	$Y=-100X$
7		谐波畸变超标率		0.025	$Y=-100X$
8		谐波电流超标率		0.025	$Y=-100X$
9		电压波动超标率		0.025	$Y=-100X$
10		电压不平衡度超标率		0.075	$Y=-100X$

（二）评价流程

适应性评价流程主要步骤如图 6-24 所示。

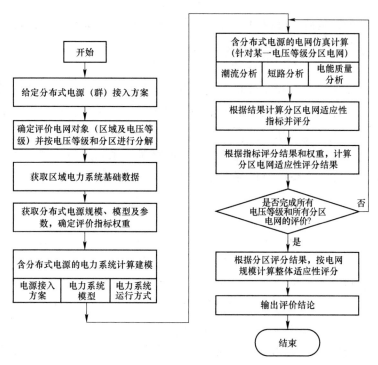

图 6-24 适应性评价流程图

（三）评价结论

适应性评价结论说明如下。

（1）评价结论分为三级，得分大于 0 分为"具备较强适应能力"，0 分为"具备适应能力"，小于 0 分为"不具备适应能力"。

（2）对评价结论为"不具备适应能力"的方案，应针对存在的问题，调整分布式电源规划方案，重新评价。

三、指导思想与技术原则

（一）总体要求

1. 统筹规划、合理布局、就近接入、当地消纳

根据国家能源局《光伏电站项目管理暂行办法》的要求，以"统筹规划、合理布局、就近接入、当地消纳"为应用原则，涵盖光伏发电项目从规划建设到发电投运整个过程。

"统筹规划、合理布局"：太阳能作为新兴能源，应用中应坚持规划引领，合理利用屋顶等资源，尽可能减少资源浪费，避免无序竞争，实现统一规划布局，有序推进光伏发展。

"就近接入、当地消纳"：太阳能发电特别是光伏发电并网涉及全社会电力安全保障，必须满足国标、行标要求，加快推广用户侧分布式并网光伏发电，鼓励支持在大型工业企业的内部电网中接入，实现采用就近接入电网、当地消纳发电量，不向消纳范围以外的上一级变电站倒送负荷，确保电力系统安全运行。区域光伏渗透率选取 20%为宜，光伏发展条件较好的县（市、区）可选取 30%。

2. 政府引导、市场运作、统一管理、示范推广

围绕太阳能发展目标，建立分布式光伏发电激励和扶持机制。坚持市场运作，用市场竞争来推动加快分布式光伏发电的技术创新与应用，促进分布式光伏发电健康发展。进一步统筹嘉兴市光伏发电建设资源，加强对屋顶等可利用资源的收集管理，合理安排光伏项目建设，及时跟进相关财政补贴、电网配套等一系列服务措施，优先推广光伏示范区、示范镇的作用，实现统一资源管理、统一推进服务和统一运营管理。

（二）总体原则

（1）在电网完全稳定范围内，尽量满足新能源以及分布式光伏的报装容量，提高新能源以及分布式光伏渗透率，同时保证系统安全稳定运行。

（2）新能源以分布式电源接入配电网后，公共连接点的电压偏差、电压波动和闪变、谐波、三相电压不平衡、间歇波等电能质量指标应满足 GB/T 12325《电能质量　供电电压偏差》、GB/T 12326《电能质量　电压波动和闪度》、GB/T 14549《电能质量　公用电网谐波》、GB/T 15543《电能质量　三相电压不平衡》、GB/T 24337《电能质量　公用电网间谐波》等电能质量国家标准要求。

（3）针对高供电可靠性需求的用户，应有足够的备用容量，降低光伏发电的波动性，可配置一定量的储能电池。

（三）技术要求

（1）构建灵活可靠的中心城市（区）电网结构。中心城市（区）高压配电网形成链式、环网等高可靠网架结构；中压配电网形成环网、多分段适度联络结构，加强站间联络，构建坚强的负荷（出力）转移通道。

（2）逐步强化乡村地区电网结构，乡村地区高压配电网适当增加布点，采用环网、辐射等结构，中压配电网加快主干网架建设，标准配置导线截面，合理增加线路分段数，提高供电安全水平。

（3）应选用高效节能性变压器，变压器容许的短路电流大于实际最大短路电流。农村地区光伏扶贫项目宜采用油浸式、全密封、低损耗油浸式变压器。当不能满足电压质量要求时，可采用有载调压变压器。

（4）分布式电源接入公网 380V 系统，当接入容量超过本台区配变额定容量 25%时，相应公网配变低压侧刀熔总开关应改造为低压总开关，并在配变低压母线处装设反孤岛装置；低压总开关应与反孤岛装置间具备操作闭锁功能，母线间有联络时，联络开关也应与反孤岛装置间具备操作闭锁功能。

（5）当分布式电源以 10kV 电压等级并网时，如公共连接点为负荷开关时，需改造为断路器。根据短路电流水平选择设备开断能力，并需留有一定裕度，一般宜采用 20kA 或 25kA。

（6）为限制配电网短路电流幅值，提升对分布式电源的接纳能力，可采取变电站母线分裂运行，采用高阻抗设备、限流电抗器和加装变压器中性点小电抗接地等手段。

四、新型城镇化配电网分布式电源接入规划典型方案

（一）案例分析一（城网分布式能源）

1. 数据收集

秀洲光伏高新技术产业园区位于嘉兴市区西部，园区毗邻嘉兴市秀洲新区，生活、商务配套资源丰富，区内设有乍嘉苏高速公路出入口，交通便利。光伏园区南邻运河、内部水网密布，空间布局总体上形成"一心两点两轴、八组团"的空间架构，如图6-25所示。

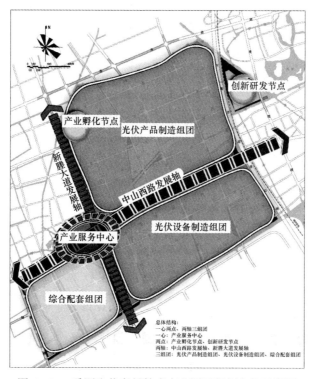

图6-25　秀洲光伏高新技术产业园区规划定位示意图

"一心"为位于新塍大道和中山西路交叉口的产业服务中心。

"两点"为产业孵化节点和创新研发节点，产业孵化节点位于八字路北侧新塍大道东侧，创新研发节点位于乍嘉苏高速公路东侧。

"二轴"分别为新塍大道发展轴和中山西路发展轴。新塍大道是秀洲工业园区南北向的主要联系通道，中山西路是中心城区向西拓展的重要轴线。

秀洲光伏高新技术产业园区2011年被批准为省级高新园区，2015年升格为国家级高新区。通过多年发展，秀洲高新区已成为嘉兴市经济转型升级的重要基地、最具创新能力和最富活力的新经济增长点。截至2016年，秀洲高新区已集聚近500家规模以上工业

企业，拥有近 200 家企业研发中心，承担了省内唯一的光伏产业"五位一体"创新综合试点工作。

秀洲高新区以中山路为界分南北两个区块，南区采用 10kV 电压等级供电，北区采用 20kV 电压等级供电，本案例侧重分析 110kV 唯胜变电站供电的北部区块。

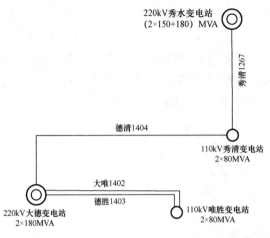

（1）电网数据。截至 2016 年年底，秀洲光伏高新技术产业园区（北区）内有 110kV 变电站一座，即 110kV 唯胜变，主变容量 2×80MVA，电压变比为 110/20kV，2010 年年底投产。唯胜变上级电源为 220kV 大德变电站，其低压侧与区外 110kV 秀清变有电气联络，如图 6−26 所示。

唯胜变电站共有 20kV 公用线路 11 回，总长度 127.7km，平均主干线长度 3.2km，电缆化率 84.22%，架空线路绝缘化率 100%，平均分段数 2.70 段/条，平均每条线路装接配电变压器容量 15 484kVA/条，

图 6−26　秀洲光伏高新技术产业园高压电网示意图

中压线路环网化率 90.9%，2016 年平均负载率 14.67%。

唯胜变电站共有用户专线 3 条，总长度 26.1km，总容量 4.8MVA，2016 年，专用线路负载率平均值为 7.58%。

秀洲光伏园区中压配电网主要接线模式为单辐射、单环网。其中，单辐射 4 条（专线 3 回），单环网 10 条。环网线路中，站内自环线路 6 回，站间互联线路 4 回，具体联络情况如图 6−27 所示。

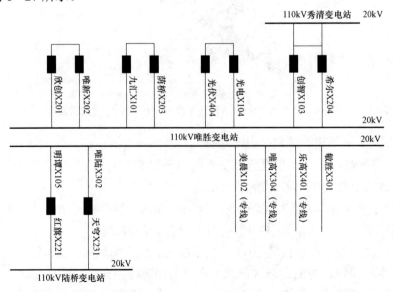

图 6−27　秀洲光伏高新技术产业园中压配网联络示意图

（2）电源数据。截至 2016 年年底，110kV 唯胜变电站共接有分布式光伏项目 17 项，总装机容量 1.13 万 kW，其中，九汇 X101 线接入 4 项，合计 0.49 万 kW，美晨 X102 线接入 2 项，合计 0.19 万 kW，欣创 X201 线接入 2 项，合计 0.06 万 kW，唯新 X202 线接入 5 项，合计 0.16 万 kW，荫桥 X203 线接入 2 项，合计 0.21 万 kW，希尔 X204 线接入 2 项，合计 0.02 万 kW。2016 年，累计发电量 1017 万 kWh，在用户侧及接入线路上消纳约 960 万 kWh，经唯胜变母线转供仅 57 万 kWh。

根据园区规划及目前掌握的报装信息，近期确定接入唯胜变电站的分布式电源项目有 3 项，总容量 0.31 万 kW，计划分 7 个点接入，其中唯新 X202 线接入 0.19 万 kW，光电 X104 线接入 0.12 万 kW。

（3）负荷数据。秀洲光伏高新技术产业园区包含工业、居民等各类负荷，工业负荷占主导地位。2016 年夏季用电高峰期间，唯胜变电站最大负荷 53.1MW，其中：唯胜变电站 1 号主变压器最大负荷 29.7MW，2 号主变压器最大负荷 23.4MW。从负荷整体特性来看，光伏园区以工业负荷为主，整体负荷在一天较为平缓，在午休时间负荷略有下降，如图 6-28 所示。

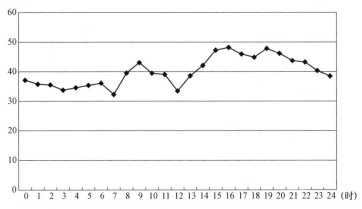

图 6-28　唯胜变电站夏季典型日负荷曲线

从馈电线路个体来看，单条中压馈线的日负荷曲线波动明显高于区域电网整体负荷波动情况，且不同馈线之间负荷曲线差异较大，如图 6-29 和图 6-30 所示。

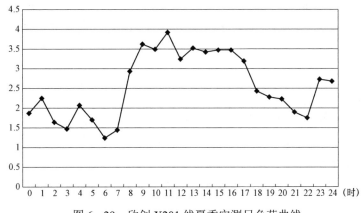

图 6-29　欣创 X201 线夏季实测日负荷曲线

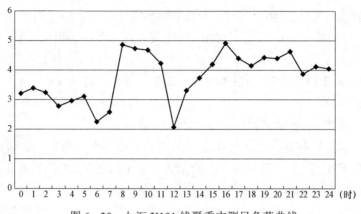

图 6-30　九汇 X101 线夏季实测日负荷曲线

2. 适应性评价

（1）评价范围。唯胜区域目前光伏装机 11.3MW，"十三五"装机 14.4MW，根据导则要求，电压等级侧重考虑 110、20kV 两个电压等级。

（2）仿真计算要求。

1）潮流分析。潮流计算应选取有代表性的电源出力及正常、最大、最小运行方式，必要时对检修及事故运行方式进行分析。

针对分布式电源接入系统方案开展的潮流计算，应纳入本项目周边地区已有的和近期投产的其他分布式电源项目。

2）短路计算。在最大运行方式下，对分布式电源并网点及相关节点进行三相短路电流计算，必要时增加单相短路电流计算。

短路电流计算为现有保护装置的整定及设备选型提供依据。当短路电流水平超过现有设备开断能力时，应提出解决方案。

10～110kV 电网短路电流计算，应综合考虑上级电源和本地电源接入情况。

3）谐波计算。公共连接点谐波电流允许值应按公共连接点最小短路容量与基准短路容量之比进行换算。

分布式电源注入公共连接点的谐波电流允许值按分布式电源协议容量与公共连接点上发/供电设备容量之比进行分配。

计算典型出力运行方式下的公共连接点电压谐波畸变率和注入公共连接点的谐波电流值。

（3）分项指标。

1）可靠性。

变压器。变电站低压侧母线光伏消纳能力受节点电压约束和支路功率约束影响较小，主要受变电站主变压器"N-1"约束。正常情况下光伏输出功率能够安全倒送；考虑极端情况下，一台主变压器故障，不计及主变短时过载能力，另外一台主变压器能将光伏输出功率不过载地输送到上级电网。忽略光伏输出功率在传输时网络损耗，表达如式

$$\sum_{i\in \text{trans}_k} P_{\text{feeder},i}^{\text{PV}} + \sum_{j\in \text{trans}_k} P_{\text{bus},j}^{\text{PV}} - P_{\text{min,trans}k}^{\text{LOAD}} \leqslant P_{\text{trans},k} \qquad (6-1)$$

$$\sum P_{\text{feeder},i}^{\text{PV}} + \sum P_{\text{bus},j}^{\text{PV}} - P_{\text{min,trans}}^{\text{LOAD}} \leqslant (N-1)P_{\text{trans}} \qquad (6-2)$$

式中　　$P_{\text{feeder},i}^{\text{PV}}$ ——该变电站馈线中第 i 个光伏的容量；

　　　　$P_{\text{bus},j}^{\text{PV}}$ ——该变电站母线上第 j 个光伏的容量；

　　　　N——变电站主变压器的个数；

　　　　P_{trans}——变电站主变压器的容量。

2016 年，唯胜变电站最大负荷 53MW，光伏接入容量 11.3MW，考虑供区零负荷，光伏满出力倒送功率约 9MW，唯胜变电站主变压器无"$N-1$"问题；考虑供区最大负荷，光伏满出力（80%）、半出力（40%）、零出力情况，主变压器下送潮流分别为 44MW、48.5MW、53MW，亦无"$N-1$"问题。2020 年，唯胜变电站最大负荷 77MW，光伏接入容量 14.4MW，考虑供区零负荷，光伏满出力倒送功率约 11.5MW，唯胜变电站主变压器无"$N-1$"问题；考虑供区最大负荷，光伏满出力（80%）、半出力（40%）、零出力情况，主变压器下送潮流分别为 65.5MW、71.2MW、77MW，主变也满足"$N-1$"要求。综上，主变压器"$N-1$"变化率为零。

20kV 配电线路。配电线路"$N-1$"通过率受接线模式、输送容量、分段数等因素影响，对 2016 年、2020 年唯胜变电站有光伏接入的配电线路运行数据梳理见表 6-4。

表 6-4　　　　　2020 年唯胜变电站有光伏接入的配电线路运行数据表

2016 年数据							
线路名称	输送限额（MVA）	最大负荷（MW）	发电规模（MW）	对侧线路	输送限额（MVA）	最大负荷（MW）	发电规模（MW）
九汇 X101	17.5	7.62	4.92	萌桥 X203	17.5	5.09	2.03
欣创 X201	17.5	6.15	0.6	唯新 X202	17.5	13.64	1.6
希尔 X204	17.5	3.87	0.18	创智 X103	17.5	9.61	
光电 104	17.5	2.88		光伏 X404	17.5	2.66	
美晨 X102	17.5	6.53	1.94				
2020 年预测数据							
线路名称	输送限额（MVA）	最大负荷（MW）	发电规模（MW）	对侧线路	输送限额（MVA）	最大负荷（MW）	发电规模（MW）
九汇 X101	17.5	8.88	4.92	萌桥 X203	17.5	7.65	2.03
欣创 X201	17.5	8.36	0.6	唯新 X202	17.5	11.2	3.5
希尔 X204	17.5	7.72	0.18	创智 X103	17.5	8.62	
光电 104	17.5	4.67	1.21	光伏 X404	17.5	4.28	
美晨 X102	17.5	8.21	1.94				

2016 年，美晨 X102 线属于用户专线，无联络线路，不具备"$N-1$"条件；其余有联络线路，考虑三分段标准接线，在全线路转供情况下，唯新 X202 线不满足"$N-1$"

要求。2020 年，美晨 X102 线属于用户专线，无联络线路，不满足"$N-1$"条件；其余有联络线路，考虑三分段标准接线，在全线路转供情况下，所有线路均满足"$N-1$"要求。综上，20kV 配电线路"$N-1$"通过率差为 -11.1%。

2）负载率。根据潮流计算的结果，对 2016 年、2020 年唯胜变电站主变压器以及有光伏接入的配电线路的最大负载情况进行统计，2016 年、2020 年均不存在变压器、线路满载、超载情况，具体结果见表 6-5。

表 6-5   变压器、线路负载率统计表

年份	设备名称	额定容量（MVA）	最大负荷（MW）	负载率（%）
2016	唯胜 1 号主变压器	80	29.7	37.13
	唯胜 2 号主变压器	80	23.4	29.25
	九汇 X101 线	17.5	7.62	43.54
	欣创 X201 线	17.5	6.15	35.14
	希尔 X204 线	17.5	3.87	22.11
	光电 104 线	17.5	2.88	16.46
	美晨 X102 线	17.5	6.53	37.31
	荫桥 X203 线	17.5	5.09	29.09
	唯新 X202 线	17.5	13.64	77.94
	创智 X103 线	17.5	9.61	54.91
	光伏 X404 线	17.5	2.66	15.20
2020	唯胜 1 号主变压器	80	39.6	49.50
	唯胜 2 号主变压器	80	38.1	47.63
	九汇 X101 线	17.5	8.88	50.74
	欣创 X201 线	17.5	8.36	47.77
	希尔 X204 线	17.5	7.72	44.11
	光电 104 线	17.5	4.67	26.69
	美晨 X102 线	17.5	8.21	46.91
	荫桥 X203 线	17.5	7.65	43.71
	唯新 X202 线	17.5	11.2	64.00
	创智 X103 线	17.5	8.62	49.26
	光伏 X404 线	17.5	4.28	24.46

3）短路电流。短路电流计算考虑系统最大运行方式，采用 2016 年网络结构，并考虑远景年新增新能源装机规模，主变压器容量 160MVA，110/20kV，短路电压百分比 12%。

光伏电站接入后

公共连接点短路电流

$$I'_{\mathrm{pcc}} = I_{\mathrm{pcc}} + 1.5 I_{\mathrm{N}} \tag{6-3}$$

并网点短路电流

$$I'_{\text{poI}} = I_{\text{poI}} + 1.5 I_{\text{N}} \qquad (6-4)$$

式中　I_{N}——光伏电站额定工作电流。

按照规划方案，20kV 单线最大分布式装机 4.9MW，测算测出线路的短路电流水平 $I_{20}=14.1\text{kA}$，短路电流小于设备开断能力限值。

4）电能质量。采用 OPENDSS 全年时序稳态仿真，采用解耦分析法及连续潮流法开展仿真计算，仿真的重点是线路负载率和节点电压，如图6-31～图6-33所示。

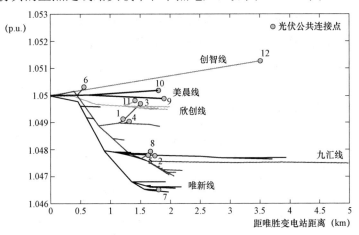

图 6-31　唯胜变电站各馈线（20kV）与光伏公共连接点电压分布情况

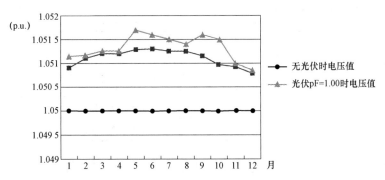

图 6-32　唯胜变电站 20kV 节点电压全年逐月最大值比较图

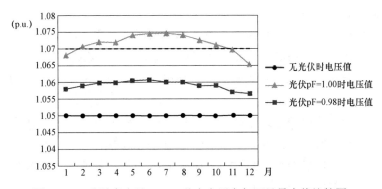

图 6-33　唯胜变电站 0.4kV 节点电压全年逐月最大值比较图

110kV 唯胜变电站 20kV 配电网全年每小时连续潮流分析结果见表 6-6。

表 6-6 　　　　　唯胜变电站 20kV 区域配电网全年每小时连续潮流分析结果

项目	pF=1.00	项目	pF=1.00
全年线损量（MWh）	114.6	年均网损率（%）	1.23
全年网损量（MWh）	1937.9	20kV 节点电压（p.u.）	1.042~1.068
年均线损率（%）	0.09	0.4kV 节点电压（p.u.）	1.001~1.066

可知，光伏发电系统功率因数 pF 为 1.00 时，唯胜变电站 20kV 节点电压为 1.042~1.068p.u.，0.4kV 节点电压为 1.001~1.066p.u.，相较于无光伏接入情况均有所上升，但均在合理范围之内，满足电网的安全运行要求。

（4）评价结果。根据上述分项指标变化情况，结合权重设置，对唯胜区域电网适应性进行综合评分，评价结果见表 6-7。

表 6-7 　　　　　　　　　　电网适用性评价结果

序号	一级指标	指标分值	二级指标	指标分值
1	可靠性	1.67	变压器可靠性	0
2			线路可靠性	1.67
3	负载率	0	变压器满（过）载率	0
4			线路满（过）载率	0
5	短路电流	0	短路电流超标率	0
6	电能质量	0	电压偏差超标率	0
7			谐波畸变超标率	0
8			谐波电流超标率	0
9			电压波动超标率	0
10			电压不平衡度超标率	0

可靠性：分布式电源接入系统后，不满足"$N-1$"的变压器增加比例为 0，不满足"$N-1$"的线路增加比例为 -11.1%，因此变压器、线路可靠性的指标分值分别为 0，1.67，可靠性指标总分值为 1.67。

负载率：分布式电源接入系统后，满载和过载线路与主变的增加比例均为 0，因此变压器满（过）载率和线路满（过）载率指标分值均为 0，负载率指标总分值为 0。

短路电流：分布式电源接入系统后，短路电流超标节点的增加比例为 0，短路电流指标分值为 0。

电能质量：分布式电源接入系统后，电压偏差超标节点的增加比例为 0，电压总谐波畸变率超标节点的增加比例为 0，谐波电流超标节点的增加比例为 0，谐波电流超标率指标分支为 0；电压波动超标节点的增加比例为 0；负序电压不平衡度超标节点的增加比例为 0。即电能质量指标分值为 0。

综合评价结论：秀洲光伏园区配电网结构相对完善，供电能力充足，光伏接入方案合理，光伏渗透率 18.7%。新能源发展未对电网安全运行造成不利影响，区域电网对新能源接入具备较强适应能力，不需要进行分布式电源接入系统规划方案调整工作。

3. 建设改造方案

由以上分析可知，秀洲光伏高新技术产业园区内光伏接入系统规划方案适用性评价整体指标分值为 1.67，表示该区域电网为"具备较强适应能力"，不需要进行分布式电源接入系统规划方案调整工作。

但是，考虑到风、光等分布式能源的间歇性、随机性，为提升电网运行整体效率，保障绿色能源发展，提出以下措施建议：

（1）完善适应分布式电源的运行管理体系。在配电网进行停送电操作时，对存在分布式电源并网运行的配电变压器，应将其视为电源。要求分布式电源用户与配电网停送电操作相配合，防止配电网停电后因分布式电源用户向配电网送电出现的返送电现象。若配电网检修，也可消除安全隐患，避免出现安全事故。

（2）加快进行配电自动化建设，增大其覆盖率。分布式电源大范围接入配电网使现有中低压网络从无源网络变为有源网络，网内潮流方向不再是由上至下单一方向，分布式电源输出受日照强度直接影响，属于非可控电源，电网实际运行过程中必须辅以大量信息采集与监控设备，保护装置与控制系统应根据智能电网建设发展要求进行升级，实现对配电网各节点潮流进行全面监控与管理，配网调度运行、方式变更时需要全面考虑分布式电源并网影响，满足大量分布式电源接入产生遥测、遥信、发电量上传等通信自动化需求。目前，配电自动化的覆盖率很低，很多地方还未开展配电自动化的建设，因此，需加快配电自动化的建设速度，增大配电自动化覆盖面，为分布式电源的接入做好准备工作。

（3）完善调度运行管理规程。随着大量分布式电源的并网发电，在对分布式电源的输出特性研究基础上，通过持续积累建立分布式电源输出特性模型，以此进行短期、超短期分布式电源输出预测，以协调常规能源电厂生产计划。

（4）完善有分布式电源接入的配电网保护。① 利用电抗器高阻抗值来限制分布式电源提供的短路电流；② 采用故障限流器来解决分布式电源助增电流对保护选择性的影响；③ 在 DG 所在线上游的两端加装方向元件，并借助两端通信的方法来满足选择性；④ 将配电网中的分布式电源系统分成不同的功率带，采用自适应方法进行保护相互配合；⑤ 可以采用反应两端电气量比较的光纤纵联差动保护，来避免频繁改变保护整定值，满足继电保护的选择性、速动性。

（5）与气象局建立合作机制。因分布式电源的发电受天气影响较大。为了能够及时地掌握区域内天气变化情况，进而对其未来几日内的分布式电源负荷做出较为准确的预测，编制较为切实可行的电网运行日方式，需要供电公司与当地气象局建立较为牢固的合作机制。使得供电公司与气象局能够做到每日沟通，对重大天气变化做到实时通报了解。

（6）研究并试点储能设备在电网中的应用。结合电动汽车充换电站等设施建设，研究并试点储能设备在电网中的应用，通过储能设备的使用，调节分布式电源输出，逐步将不可控电源转化为部分可控电源，提高电网运行管理效率及安全可靠性。

（二）案例分析二（农网分布式电源）

海宁市尖山新区位于浙江省海宁市的东南角，钱塘江河口尖山河段北岸的鼠尾山至高阳山之间，是治江围垦中形成的新土地，总面积约为 42km²，其中南北宽约 6km、东西长约 7km，行政隶属海宁市尖山新区（黄湾镇）管理委员会管辖；东临海盐县南北湖，西接观潮胜地盐官镇，北靠黄湾镇，南与萧山、绍兴、上虞隔江相望。

尖山新区以"生态立区、工业兴区、综合开发"为发展定位，将发展成为沿杭州湾先进制造业产业带北翼的重要节点地区，海宁市域未来制造业和旅游休闲服务业综合发展的主要空间。

现代城市副中心：在以工业起步、大力发展现代工业的同时，积极引入城市功能，积极发展相配套的第三产业，加强生态与人居环境建设，配置居住、教育、商贸、娱乐、医疗等功能，促进城市功能的系统化，逐渐形成城市新区，达到产业功能与城市功能的良性互动。

先进制造业基地：大力发展工业是设立尖山新区的出发点，将以无污染和轻污染的制造业为主，在已经引进的制造业基础上，积极吸纳无污染或轻污染的机械、电子制造业；大力吸引科技含量高、规模大的先进制造业进入新区。在产业发展过程中，必须严格控制和治理环境污染。

生态旅游休闲地：结合现有高尔夫球场休闲区，充分利用区内尖山湖独有的原生态湖泊景观，发展尖山湖生态旅游休闲度假区；充分利用黄湾的大尖山、安江山等山地景观资源，与黄湾共同发展生态林地旅游；充分利用钱塘江江景和嘉绍通道桥景，发展沿江景观游览带，将尖山新区打造成生态旅游休闲之地。

到 2020 年尖山新区将形成以休闲旅游业为先导，先进技术制造产业为主导，匹配于新区的新型产业体系，基本建成投资环境优良、居住环境舒适、生态环境宜人的现代城市副中心、先进制造业基地和生态旅游休闲地，尖山新区地理位置分布如图 6-34 所示。

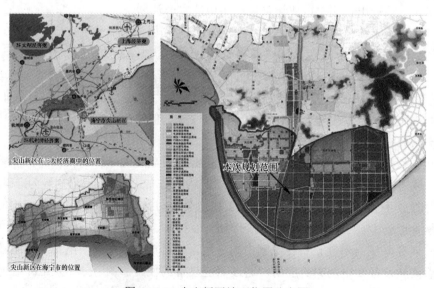

图 6-34 尖山新区地理位置分布图

1. 数据收集

（1）电网数据。目前，尖山新区内有 220kV 变电站 1 座（安江变电站），110kV 变电站 1 座（尖山变电站），同时，与区外的 220kV 潮乡变电站以及 110kV 袁花变电站和红桥变电站有电气联络。

220kVA 江变电站主变压器容量为 2×240MVA，电压变比为 220/110/20kV，2014 年投产。110kV 尖山变电站主变压器容量为 1×50+2×80MVA，一台 50MVA 变压器，电压变比为 110/35/10kV，2009 年投产；两台 80MVA 变压器，电压变比为 110/20kV，2010 年投产，如图 6-35 所示。

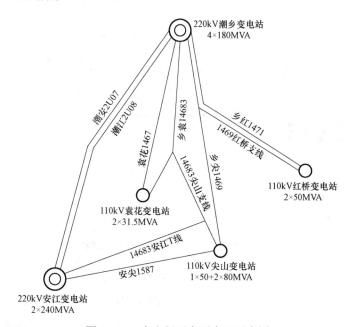

图 6-35 尖山新区高压电网示意图

尖山新区共有 10（20）kV 公用线路 24 回，总长度 209.21km，平均主干线长度 3.90km，电缆化率 25.47%，架空线路绝缘化率 50.20%，平均分段数 2.50 段/条，平均每条线路装接配变容量 8936kVA/条，中压线路环网化率 72.00%，2016 年平均负载率 19.87%。

尖山新区共有用户专线 9 条，总长度 34.47km，挂接配电变压器 62 台，总容量 212.5MVA，2016 年，专用线路负载率平均值为 34.33%。

尖山新区中压配电网接线模式主要包括单辐射、单环网、多联络。10kV 线路中，单辐射 5 条，单联络 4 条，两联络 1 条，联络率为 50%。20kV 线路中，单辐射 8 条，单联络 12 条，两联络 4 条，环网化率为 66%，如图 6-36 所示。

（2）电源数据。光伏情况：截至 2016 年年底，尖山新区已并网分布式光伏项目 23 个（不含居民光伏），装机总容量 125.6MW，占海宁全市的 37.63%，2016 年，尖山地区累计发电电量约 71 520MW，"十三五"时期计划新增容量 28.7MW，总容量约 154MW。

尖山 1 号主变压器接入光伏容量 13.1MW，占主变容量约 26.2%；尖山 2 号主变压器接入光伏容量 62.7MW，占主变压器容量约 78.38%；尖山 3 号主变压器接入光伏容量

34.8MW，占主变压器容量约 43.5%。

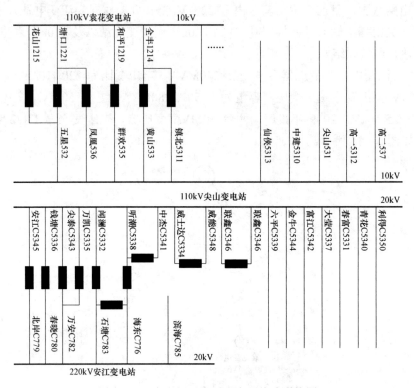

图 6-36 尖山新区中压配电网线路联络图

2016 年在日间天气晴朗时间段，特别是节假日负荷较轻时，尖山变电站出现大规模光伏倒送情况，单台主变压器倒送功率最高达 25.4MW，全站功率倒送最高达 40.1MW。

风电情况：中广核海宁尖山风电项目位于尖山新区嘉绍大桥北起点沿钱塘江堤内侧区域，总装机容量为 50MW，安装单机容量 2000kW 风机 25 台。此项目 110kV 电压等级并入 220kV 安江变电站，后期计划新增机组 5 台，容量提升至 60MW。

（3）负荷数据。尖山地区包含工业、商业、居民等各类负荷，其中工业负荷占主导地位，2016 年夏季用电高峰期间，安江变电站最大负荷 25MW，尖山变电站最大负荷 95.8MW，其中：尖山变电站 1 号主变压器最大负荷 10.7MW，2 号主变压器最大负荷 38.2MW，3 号主变压器最大负荷 46.8MW。近 2 年尖山变电站负荷较 14 年未有增长，主要由于 2 个用户升压至 110kV 接入安江变电站导致。

从负荷整体特性来看，尖山地区 10kV 电网日负荷曲线与生活规律较贴近，18 时至次日 6 时负荷较白天负荷明显减少，而在 6 时至 18 时这段时间，12 时负荷明显下降。20kV 配电网络以工业负荷为主，整体负荷在一天较为平缓，在进餐时间负荷略有下降，如图 6-37 和图 6-38 所示。

从馈电线路个体来看，单条中压馈线的日负荷曲线波动明显高于区域电网整体负荷波动情况，且不同馈线之间负荷曲线差异较大，同时在某些时段负荷接近于 0，例如 10kV 中建 5310 线在 12 时至 13 时负荷为 500kW，如图 6-39 所示。尖山变电站 20kV 联鑫 C5346

线日负荷曲线如图 6-40 所示。

2. 适应性评价结果

（1）评价范围。2016 年，尖山地区累计发电装机 125.6MW，"十三五"期间计划新增容量 28.7MW，总容量约 154MW。根据导则要求，评价范围侧重 220、110、10（20）kV 三个电压等级。

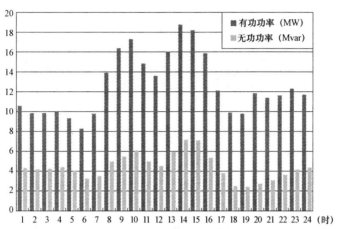

图 6-37　10kV 配电网日负荷曲线

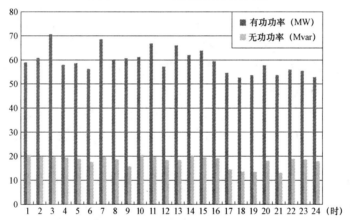

图 6-38　20kV 配电网日负荷曲线

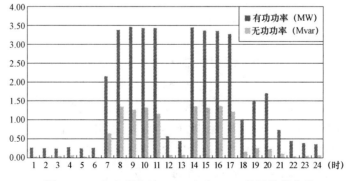

图 6-39　尖山变电站 10kV 中建 5310 线日负荷曲线

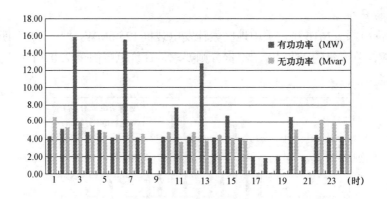

图 6-40 尖山变电站 20kV 联鑫 C5346 线日负荷曲线

（2）仿真计算要求。

1）潮流分析。潮流计算应选取有代表性的电源出力及正常、最大、最小运行方式，必要时对检修及事故运行方式进行分析。

针对分布式电源接入系统方案开展的潮流计算，应纳入本项目周边地区已有的和近期投产的其他分布式电源项目。

2）短路计算。在最大运行方式下，对分布式电源并网点及相关节点进行三相短路电流计算，必要时增加单相短路电流计算。

短路电流计算为现有保护装置的整定及设备选型提供依据。当短路电流水平超过现有设备开断能力时，应提出解决方案。

10～110kV 电网短路电流计算，应综合考虑上级电源和本地电源接入情况。

3）谐波计算。公共连接点谐波电流允许值应按公共连接点最小短路容量与基准短路容量之比进行换算。

分布式电源注入公共连接点的谐波电流允许值按分布式电源协议容量与公共连接点上发/供电设备容量之比进行分配。

计算典型出力运行方式下的公共连接点电压谐波畸变率和注入公共连接点的谐波电流值。

（3）分项指标。

1）可靠性。

变压器。2016 年，尖山变电站最大负荷 95.8MW，光伏接入容量 110.5MW，考虑供区零负荷且光伏满出力，尖山 1 号主变压器倒送 10.5MW，尖山 2、3 号光伏倒送功率约 78MW，1 号主变压器不满足"$N-1$"要求，2、3 号主变压器满足"$N-1$"要求；考虑供区最大负荷，光伏满出力（80%）、半出力（40%）、零出力情况，主变压器下送潮流分别为 7.2MW、51.5MW、95.8MW，零出力时 2、3 号主变压器不满足"$N-1$"要求，综上 2016 年尖山变电站主变压器"$N-1$"通过率为 0。

2020 年，尖山变电站最大负荷 111MW，光伏接入容量 124.2MW，考虑供区零负荷且光伏满出力，尖山 1 号主变压器倒送 10.5MW，尖山 2、3 号光伏倒送功率约 88.9MW，3 台主变压器均不满足"$N-1$"要求；考虑供区最大负荷，光伏满出力（80%）、半出力（40%）、零出力情况，主变压器下送潮流分别为 11.6MW、61.3MW、111MW，零出力时 2、3 号主变压器不满足"$N-1$"要求，综上 2020 年尖山变电站主变压器"$N-1$"通过率为 0。

同样测算，安江变电站 2 台主变压器"$N-1$"均能通过。

20kV 配电线路。配电线路"$N-1$"通过率受接线模式、输送容量、分段数等因素影响，目前，尖山变电站高二 P537、中建 P5310、春富 C5331、闻澜 C5332、大萤 C5337、青花 C5340、利得 C5350、联材 C5347、联鑫 C5346、金牛 C5344、中杰 C5341 等 11 回线路有光伏项目接入，其中，高二 P537、中建 P5310、大萤 C5337、金牛 C5344、春富 C5331、青花 C5340、利得 C5350 等 7 回线路为放射结构，首端故障时线路无法转供，其余 4 回线路可通过对侧线路转供。2020 年，在网络结构不变，新增光伏采用专线接入情况下，"$N-1$"通过率无变化，见表 6-8。

表 6-8 尖山新区 2016—2020 年负荷变化

年份	设备名称	额定容量（MVA）	最大负荷（MW）	负载率（%）
2016	尖山 1 号主变压器	50	10.8	21.60
	尖山 2 号主变压器	80	38.2	47.75
	尖山 3 号主变压器	80	46.8	58.50
	安江 1 号主变压器	120	13	10.83
	安江 2 号主变压器	120	12	10.00
	高二 P537	8	4.29	53.63
	中建 P5310	8	6.04	75.50
	春富 C5331	17.5	7.02	40.11
	闻澜 C5332	17.5	5.04	28.80
	大萤 C5337	17.5	17.3	98.86
	青花 C5340	17.5	15.83	90.46
	利得 C5350	17.5	0.01	0.06
	联材 C5347	20	20.63	103.15
	联鑫 C5346	20	19.01	95.05
	金牛 C5344	17.5	3.78	21.60
	中杰 C5341	17.5	7.08	40.46
	海东 C776	17.5	9.05	51.71
	石塘 C783	17.5	8.1	46.29

年份	设备名称	额定容量（MVA）	最大负荷（MW）	负载率（%）
2020	尖山 1 号主变压器	50	12.8	25.6
	尖山 2 号主变压器	80	47.4	59.25
	尖山 3 号主变压器	80	50.8	63.5
	安江 1 号主变压器	120	23	19.17
	安江 2 号主变压器	120	26	21.67
	高二 P537	8	5.32	66.50
	中建 P5310	8	6.65	83.13
	春富 C5331	17.5	9.11	52.06
	闻澜 C5332	17.5	8.32	47.54
	大萤 C5337	17.5	17.3	98.86
	青花 C5340	17.5	16.1	92.00
	利得 C5350	17.5	0.01	0.06
	联材 C5347	20	5.63	28.15
	联鑫 C5346	20	5.6	28.00
	金牛 C5344	17.5	8.44	48.23
	中杰 C5341	17.5	9.12	52.11
	海东 C776	17.5	11.12	63.54
	石塘 C783	17.5	10.08	57.60

2）负载率。根据潮流计算的结果，对 2016 年、2020 年安江变、尖山变主变压器以及有光伏接入的配电线路的最大负载情况进行统计。主变压器方面，2016 年、2020 年正常方式下均不存在满载、超载问题；配电线路方面，2016 年大营 C5337、青花 C5340 等 2 回线路满载，2020 年情况一致。此外联材 C5347、联鑫 C5346 由于负荷转至 110kV 供电，负载会减轻。

3）短路电流。短路电流计算考虑系统最大运行方式，采用 2016 年网络结构，并考虑远景年新增新能源装机规模，主变压器容量 2×80MVA，110/20kV，短路电压百分比 12%，1×50MVA，短路电压百分比 17%。

按照规划方案，尖山变电站 20kV 并入分布式光伏装机 124MW，考虑母线出口短路情况，测出最大短路电流水平 I_{20}=14.86kA，短路电流小于设备开断能力限值。

4）电能质量。采用 OPENDSS 全年时序稳态仿真，采用解耦分析法及连续潮流法开展仿真计算，仿真的重点是线路负载率和节点电压。

对尖山区域典型日各个主变压器低压侧母线运行电压进行仿真计算分析，如图 6－41 所示。

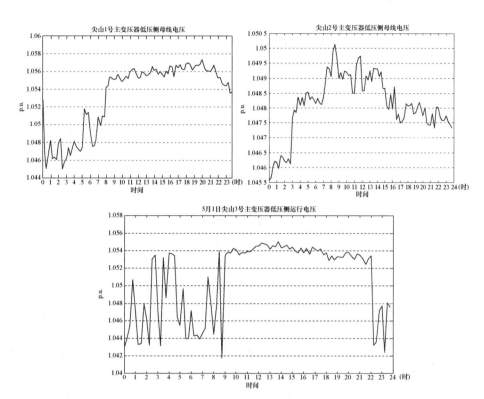

图6-41 对尖山区域典型日各个主变压器低压侧母线运行电压进行仿真计算分析结果

由图6-41可见,尖山1号主变压器10kV侧母线电压在1.044~1.058p.u.波动,平均值为1.053p.u.,尖山2号主变压器20kV侧母线电压在1.0456~1.0503p.u.波动,平均值为1.0482p.u.,3号主变压器20kV侧电压在1.041~1.056p.u.波动,平均值为1.051p.u.。1号主变压器整体负荷较轻,电压相对较高,2号主变压器20kV低压母线较为平稳,3号主变压器20kV低压母线波动相对较大,主要是因为3号主变压器所辖馈线一日之内负荷波动较大,但母线电压仍然在所规定的允许范围之内。

(4)评价结果。根据上述分项指标变化情况,结合权重设置,对尖山区域电网适应性进行综合评分,评价结果见表6-9。

表6-9 电网适用性评价结果

序号	一级指标	指标分值	二级指标	指标分值
1	可靠性	0	变压器可靠性	0
2			线路可靠性	0
3	负载率	0	变压器满(过)载率	0
4			线路满(过)载率	0
5	短路电流	0	短路电流超标率	0
6	电能质量	0	电压偏差超标率	0
7			谐波畸变超标率	0

序号	一级指标	指标分值	二级指标	指标分值
8			谐波电流超标率	0
9	电能质量	0	电压波动超标率	0
10			电压不平衡度超标率	0

可靠性：分布式电源接入系统后，不满足"$N-1$"的变压器增加比例为 0，不满足"$N-1$"的线路增加比例为 0，因此变压器、线路可靠性的指标分值分别为 0，可靠性指标总分值为 0。

负载率：分布式电源接入系统后，满载和过载线路与主变压器的增加比例均为 0，因此变压器满（过）载率和线路满（过）载率指标分值均为 0，负载率指标总分值为 0。

短路电流：分布式电源接入系统后，短路电流超标节点的增加比例为 0，短路电流指标分值为 0。

电能质量：分布式电源接入系统后，电压偏差超标节点的增加比例为 0，电压总谐波畸变率超标节点的增加比例为 0，谐波电流超标节点的增加比例为 0，谐波电流超标率指标分支为 0；电压波动超标节点的增加比例为 0；负序电压不平衡度超标节点的增加比例为 0。电能质量指标分值为 0。

综合评价结论：尖山新区配电网结构相对完善，供电能力充足，光伏接入方案合理，光伏渗透率 60%。新能源大规模并网已对电网安全运行造成显著影响，春节等特殊时段存在出力倒送情况，系统供电可靠性较差。

3. 建设改造方案

由以上分析可知，尖山新区光伏接入系统规划方案适用性评价整体分值为 0，表示该区域电网为"具备适应能力"，但是区域电网整体供电可靠性较差，有必要补强完善。

（1）加强区域配电网络建设，对高二 537、中建 5310 等辐射状的公用配电线路进行联络补强，在此基础上，对线路负荷分布进行调整，减轻大萤 C5337、春富 C5331 等重载线路的负载率，确保联络线路转供能力满足全线转供要求。

（2）完善适应分布式电源的运行管理体系。在配电网进行停送电操作时，对存在分布式电源并网运行的配变，应将其视为电源。要求分布式电源用户与配电网停送电操作相配合，防止配电网停电后因分布式电源用户向配电网送电出现的返送电现象。若配电网检修，也可消除安全隐患，避免出现安全事故。

（3）加快进行配电自动化建设，增大其覆盖率。分布式电源大范围接入配电网使现有中低压网络从无源网络变为有源网络，网内潮流方向不再是由上至下单一方向，分布式电源输出受日照强度直接影响，属于非可控电源，电网实际运行过程中必须辅以大量信息采集与监控设备，保护装置与控制系统应根据智能电网建设发展要求进行升级，实现对配电网各节点潮流进行全面监控与管理，配网调度运行、方式变更时需要全面考虑分布式电源并网影响，满足大量分布式电源接入产生遥测、遥信、发电量上传等通信自动化需求。目前，配电自动化的覆盖率很低，很多地方还未开展配电自动化的建设，因此，需加快配电自动化的建设速度，增大配电自动化覆盖面，为分布式电源的接入做好准备工作。

（4）完善调度运行管理规程。随着大量分布式电源的并网发电，在对分布式电源的输出特性研究基础上，通过持续积累建立分布式电源输出特性模型，以此进行短期、超短期分布式电源输出预测，以协调常规能源电厂生产计划。

（5）完善有分布式电源接入的配电网保护。① 利用电抗器高阻抗值来限制分布式电源提供的短路电流；② 采用故障限流器来解决分布式电源助增电流对保护选择性的影响；③ 在分布式电源所在线上游的两端加装方向元件，并借助两端通信的方法来满足选择性；④ 将配电网中的分布式电源系统分成不同的功率带，采用自适应方法进行保护相互配合；⑤ 可以采用反应两端电气量比较的光纤纵联差动保护，来避免频繁改变保护整定值，满足继电保护的选择性、速动性。

（6）与气象局建立合作机制。因分布式电源的发电受天气影响较大。为了能够及时地掌握区域内天气变化情况，进而对其未来几日内的分布式电源负荷做出较为准确的预测，编制较为切实可行的电网运行日方式，需要供电公司与当地气象局建立较为牢固的合作机制。使得供电公司与气象局能够做到每日沟通，对重大天气变化做到实时通报了解。

（7）研究并试点储能设备在电网中的应用。结合电动汽车充换电站等设施建设，研究并试点储能设备在电网中的应用，通过储能设备的使用，调节分布式电源输出，逐步将不可控电源转化为部分可控电源，提高电网运行管理效率及安全可靠性。

（三）案例分析三：新能源电站

新能源电站典型案例选择海宁尖山区域的中广核嘉绍风电场，厂址位于海宁尖山新区钱塘江出海口，嘉绍大桥两侧堤岸上。区域电网基础数据情况与案例二相同，此处不再赘述。

1. 适应性评价结果

对 110kV 中广核尖山风电场接入系统，在 PSASP 中建立仿真模型图，如图 6-42 所示。

进行远景短路电流计算，短路电流计算水平年取 2020 年左右，考虑 500kV 由拳变电站主变压器 4×1000MVA，电网已完全分层分区运行。安江变电站主变压器考虑 3×240MVA，属由拳变电站供区；暂考虑海宁风电远景装机容量合计 80MW，通过 1 回 110kV 线路接至安江变电站。

按照远景 80MW 规模计算，当安江变电站 2 台主变压器 110kV 侧并列运行时，110kV 母线三相短路电流为 17.4kA，单相短路电流为 22.7kA；主变压器分列运行时，110kV 母线三相短路电流为 8.8kA，单相短路电路为 10.2kA。

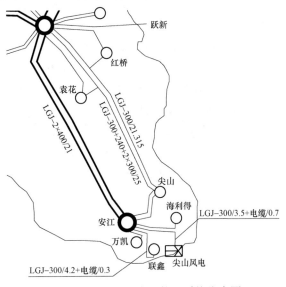

图 6-42 尖山风电场接入系统仿真图

在 110kV 中广核尖山风电场扩建前后，电网相关指标数据均无实质性变化，适应性分析结果见表 6-10。

表 6-10   电网适应性评价结果

序号	一级指标	指标分值	二级指标	指标分值
1	可靠性	0	变压器可靠性	0
2			线路可靠性	0
3	负载率	0	变压器满（过）载率	0
4			线路满（过）载率	0
5	短路电流	0	短路电流超标率	0
6	电能质量	0	电压偏差超标率	0
7			谐波畸变超标率	0
8			谐波电流超标率	0
9			电压波动超标率	0
10			电压不平衡度超标率	0

可靠性：中广核尖山风电场接入后，不满足"$N-1$"的变压器及线路的增加比例均为 0，因此变压器可靠性与线路可靠性的指标分值均为 0，可靠性指标总分值为 0。

负载率：中广核尖山风电场接入后，满载和过载线路与主变的增加比例均为 0，负载率指标总分值为 0。

短路电流：中广核尖山风电场接入后，短路电流超标节点的增加比例为 0，短路电流指标分值为 0。

电能质量：中广核尖山风电场接入后，电压偏差超标节点的增加比例为 0，电压总谐波畸变率超标节点的增加比例为 0，谐波电流超标节点的增加比例为 0，谐波电流超标率指标分支为 0 分；电压波动超标节点的增加比例为 0；负序电压不平衡度超标节点的增加比例为 0。即电能质量指标分值为 0 分。

综合评价结论：中广核尖山风电场接入后，表 6-10 中 10 项二级指标暨 4 项一级指标的分值均为 0 分，表示区域电网为"具备适用能力"，中广核尖山风电场接入系统规划方案较为合理，不需要进行接入系统规划方案调整工作。

2. 建设改造方案

由上可知，中广核尖山风电场接入后区域电网得分为 0 分，表示该区域电网为"具备适应能力"，不需要进行接入系统规划方案调整工作。

第七章

新型城镇化配电网规划实施效果评价

第一节　新型城镇化配电网规划计算要求

新型城镇化配电网规划的各项指标计算，需要体现出配电网整体规模、设备情况、运行水平、供电能力、可靠性指标、经济性指标等方面，在逐年配电网项目工程建设后，分别呈现出怎样的变化，最终是否达到了规划预期。哪些指标达到了预期水平，哪些指标仍有上升空间；哪些指标稳步提高，哪些指标上升乏力。以上信息都需要通过配电网规划效果评价来直观体现或分析得出。

安全、可靠和经济是电网供电的基本要求。由于电网规划方案一般按照负荷预测水平确定，而负荷预测具有不确定性，因此规划电网在满足负荷当前需求的基础上，还应该满足一定阶段内负荷不同增长模式的要求；同时，考虑到电网的整体一致性，需要对电网的配合协调性作量化分析。综合上述考虑，结合电力专家多方面意见，确定如图7-1所示的电网规划评价指标体系。

该评价指标体系包括供电安全性、供电可靠性、经济性、适应性和协调性五个一级指标。每个指标包含多项下属指标，以从不同的角度加以量化。这五项一级指标构成一个整体，可有效评价电网规划方案的优劣。

（1）供电安全性。配电网的供电安全性是指在供电的任意一个时间断面，针对一组预想故障电网能够保持对负荷正常持续供电的能力。在规划中一般只需考虑全年最大负荷时的安全性。

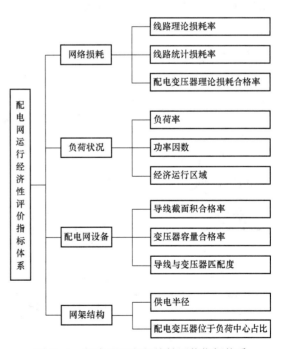

图7-1　配电网运行经济性评价指标体系

对电网发生预想事故后能否保持以及在多大程度上保持持续供电的能力进行量化评价。由此设计的评价指标有"'$N-1$'校验"和"抗大面积停电能力",其中"N"是指电网中某类重要设备(主要包括变电站主变和变电站出线)的总个数,"1"是停运元件个数。

(2)供电可靠性。电网的可靠性指电网稳定运行时,在电网元件容量、母线电压和系统频率等的允许范围内,考虑电网中元件的计划停运以及合理的非计划停运条件下,向用户提供全部所需的电力和电量的能力。系统平均停电持续时间、系统平均停电频率、用户平均停电持续时间、系统平均供电可用度和停电成本等指标可反映这种能力。

(3)经济性。电网规划方案的经济性评价是电网建设项目决策科学化、减少和避免决策失误、提高项目经济效益的重要手段。

电网的"运行经济性"主要是从网损率和设备利用率角度进行分析。电网的"建设经济性"主要从资金投入、供电收益以及售电收入等角度出发,详细分析电网投资在资金流动过程中带来的供电满足程度和经济效益。电网的"年费用"则是对电网的投资、运行维护费用和损耗费用进行折算值,以便于方案之间的经济比较。

(4)适应性。电网规划以负荷预测为基础,负荷预测的不确定性要求电网应该为后续发展留有余地,因此需要对电网适应负荷发展的能力进行评价。电网适应性指标包括资源裕度、供电能力裕度和电网扩展裕度三项。

(5)协调性。电网是一个密不可分的整体,局部负载过重或过轻,都会给电网的安全、可靠和经济供电造成巨大影响。高中压电网之间也需要良好配合,否则网络较弱的电网将会削弱较强电网的供电水平。这里所说的电网配合主要体现在高中压配电网供电能力匹配、各等级电网变电站容量匹配和负荷均衡等方面。

新型城镇化配电网规划实施效果评价中,技术性评价、经济性评价、适应性水平评价为最核心的三个方面,在后文中分别作详细介绍。

第二节 新型城镇化配电网规划技术性评价

技术性评价包括电网结构、供电能力、供电质量、装备水平、智能化水平等,电网规划评价技术指标见表7-1。

表7-1　　　　　　　　　　规划评价技术指标表

指　　标		现状年	阶段年	……	远景年
区域概况	总面积(km²)				
	有效供电面积(km²)				
	A+/A/B/C/D 分区面积				
	人口(万)				
电量预测概况	电量(亿 kWh)				
	年增长率(%)				

续表

	指标		现状年	阶段年	……	远景年
负荷预测概况		负荷（MW）				
		负荷密度（MW/km²）				
		年增长率（%）				
10kV 电网规划	年度线路建设规模	新建（改造）架空线长度（km）				
		新建（改造）电缆线长度（km）				
	年度配电变压器建设规模	新建（改造）配电变压器台数（台）				
		新建（改造）配电变压器容量（MVA）				
	年度开关设备建设规模	开关站（座）				
		环网柜（座）				
		柱上开关（台）				
0.38kV 电网规划	2016—2020 新建（改造）架空线长度（km）					
	2016—2020 新建（改造）电缆线长度（km）					
投资估算	年度 110kV、35kV 电网投资（万元）					
	年度 10kV（20kV）电网投资（万元）					
	年度 0.38kV 电网投资（万元）					
	单位投资增供负荷（MW/万元）					
	单位投资增售电量（kWh/万元）					
上级电源情况	电厂	装机容量（MW）				
	220kV 变电站	变电站数量（座）				
	110kV 变电站	变电站数量（座）				
		变电站容量（MVA）				
		可扩建主变压器容量/当年主变压器容量				
		10kV 间隔利用率（%）				
	35kV 变电站	变电站数量（座）				
		变电站容量（MVA）				
		10kV 间隔利用率（%）				
	110kV 电网结构	链式占比（%）				
		环网占比（%）				
		辐射占比（%）				
	容载比	220kV				
		110kV				
		35kV				
	110kV 变电站负载率大于 80%（座）					
	110kV 变电站负载率小于 20%（座）					

指标			现状年	阶段年	……	远景年
10kV 电网情况	10kV 线路规模（回）					
	10kV 线路标准化结构比例（%）					
	10kV 线路联络率（%）					
	10kV 线路站间联络率（%）					
	10kV 架空线电网结构	多联络比例（%）				
		单联络比例（%）				
		单辐射比例（%）				
	10kV 电缆线电网结构	双环网比例（%）				
		单环网比例（%）				
		其他（双射、单射）（%）				
	电缆化率（%）					
	绝缘化率（%）					
	供电半径	供电半径过长的线路比例（%）				
		城区平均主干线长度（km）				
		郊区平均主干线长度（km）				
		农村平均主干线长度（km）				
	线路装接配变容量大于 12 000kVA 比例（%）					
	线路负载率	线路平均负载率（%）				
		70%以上比例（%）				
		30%以下比例（%）				
	线路"N−1"通过率（%）					
	配变负载率	配电变压器平均负载率（%）				
		80%以上比例（%）				
		20%以下比例（%）				
	综合电压合格率（%）					
	供电可靠性（%）					
	综合线损率（%）					
	配电自动化终端覆盖率（%）					

第三节　新型城镇化配电网规划经济性评价

电网规划方案的经济性评价是电网建设项目决策科学化、减少和避免决策失误、提高项目经济效益的重要手段，配电网经济性评价指标体系如图 7−1 所示。

电网的"运行经济性"主要是从网损率和设备利用率角度进行分析。电网的"建设经济性"主要从资金投入、供电收益以及售电收入等角度出发，详细分析电网投资在资金流动过程中带来的供电满足程度和经济效益。电网的"年费用"则是对电网的投资、运行维护费用和损耗费用进行折算值，以便于方案之间的经济比较。

第四节　新型城镇化配电网规划适应性水平评价

配电网规划建设的适应性已成为配电网规划建设需要考虑的重要因素，其结果将影响当地供电企业的电网规划建设发展，进而影响经济社会发展。在现有的各种配电网综合评价体系的基础上，结合地域经济社会发展水平和特点，对配电网规划建设的适应性综合评价指标体系进行研究，运用基于层次分析的综合评价方法模型对地区配电网的规划现状进行评价。通过对配电网规划所形成的指标进行分析，衡量当地的电网规划建设是否与经济社会发展相适应，避免出现电网建设过快造成资金资源浪费或电网建设缓慢制约经济社会发展的现象。

电网规划以负荷预测为基础，负荷预测的不确定性要求电网应该为后续发展留有余地，因此需要对电网适应负荷发展的能力进行评价。电网适应性指标包括资源裕度、供电能力裕度和电网扩展裕度三项。

第五节　规划实施效果评价流程及方法

一、规划实施效果评价流程

规划实施效果评价流程如图 7-2 所示。

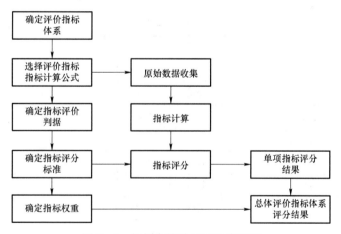

图 7-2　规划实施效果评价流程图

在评价指标设置阶段：主要完成评价指标选择、指标评价判据和评分标准选择以及指标权重设定等任务。

在规划评价阶段：首先，导入电网规划评价原始数据，包括电网基本概况、规划报告和相关图纸等；其次，对规划报告中给出的现状电网、中间年方案以及目标年方案，分别进行单项指标评价和综合评价；最后，根据不同的评价目的，对上述评价结果进行横向或纵向对比，以衡量规划方案的优劣和规划实施效果。

评分标准指通过一定的标度体系，将各种原始数据转换成的可直接比较的规范化格式。评分标度多采用百分制、十分制和五分制。确定指标评分标准的方法有很多，例如，可采用模糊隶属度方法。指标权重反映了同层指标之间的相互重要性关系，采用归一化的向量来表示。权重的大小反映了该指标相对于其他指标重要性的高低。假设有两个指标参与比较，若前者较后者重要性更强，则前者权重值比后者权重值大，例如，可用权重向量{0.6，0.4}表示。可采用两两比较或者专家直接给出的方法来确定同层属性间的权重。

评分标准和指标权重的选择要考虑到城市的特点及负荷的发展阶段，例如，若城市处于发展中期，负荷增长速度很快，要求电网有较高的裕度，则应适当提高评价体系中"适应性"各指标的评分标准，并加大其所占的权重。

二、规划实施效果评价方法

层次分析法是评估中分析复杂问题建立评价体系的关键技术，既适用于对现状电网进行评价，也适用于对规划电网进行评价。它的核心思想是通过建立清晰的层次结构来分解复杂问题，在电网规划中已得到应用。根据评价指标体系的构建原则，结合电网规划的特点和目的，应用层次分析法的基本原理，提出电网规划评价指标体系。

第六节 实 例 分 析

电网经济效益主要指标见表 7-2。

表 7-2 电网经济效益主要指标表

项目	2010	2011	2012	2013	2014	2015
售电量（亿 kWh）	66.51	75.90	83.13	90.70	91.40	94.62
售电收入（亿元）	40.42	45.08	49.28	53.34	54.17	56.17
电网投资（亿元）	1.64	2.40	2.45	3.36	4.62	5.13
年初电网资产原值（亿元）	85.82	91.06	107.83	101.31	102.91	107.67
年末电网资产原值（亿元）	91.06	107.83	101.31	102.91	107.67	117.06
平均电价（元/kWh）	0.55	0.55	0.57	0.57	0.57	0.57
综合线损率（%）	1.33	0.74	0.76	1.23	0.94	0.94
线损电量收益（万元）	371	2509	−98	−2456	1539	0
单位投资增售电量（kWh/万元）	46 561	57 167	30 109	30 859	2082	6988
单位投资增供负荷（kW/万元）	7.13	8.40	11.04	0.51	0.28	2.89
电网资产收入比（%）	45.71	45.33	47.12	52.24	51.44	49.98

注 线损电量收益=线损率降低百分比×供电量×购电价
单位投资增供负荷口径为统调最大负荷。

由表 7-2 可知，典型实例区域 2015 年售电量为 94.62 亿 kWh，"十二五"年均增长率为 7.31%，2015 年售电收入为 56.17 亿元。线损率是电力系统运行经济性的重要指标，网架结构、装备水平、电网设备运行年限、导线截面、线路供电距离、线路负荷等都对线损率有着直接影响。"十二五"期间，通过加强电网结构、提高装备水平、更新节能技术、加大管理力度等手段，本级线损率整体在逐步降低，由 2010 年的 1.33%降低至 2015 年的 0.94%，而线损率的降低提高了单位售电量收益，增强了企业盈利能力，为企业持续发展提供动力与保障。

第八章

新型城镇化配电网规划设计一体化

第一节 工 作 理 念

配电网规划设计一体化设计的工作理念是：采用"分步推进"和"一步一反馈"的渐进优化设计流程得出最终设计方案，将一次接线模式、分布式电源接入、数据采集、通信系统、继电保护、配电网自动化、运行调度等规划结果与一次接线等设计方案等纳入工作流程中，通过规划工作和设计工作的紧密衔接，实现配电网前期工作的一体化。

第二节 工 作 流 程

配电网规划设计一体化的工作流程由配电网规划和配电网设计两个大环节组成，如图8-1所示。

（1）接受规划设计任务，确定规划设计范围、要求等。

（2）根据任务情况编制收资表及调研计划，开展资料收集及调研工作，了解区域历史及现状等情况。

（3）开展现状分析，包括区域现状自然环境、社会经济发展情况分析，配电网现状分析等。

（4）开展需求预测，预测未来电力需求情况，同时也需要考虑分布式电源接入、消纳需求情况。

（5）根据现状电网情况结合需求预测结构，开展方案规划。包括电源规划、电网网架规划、电力通道规划等内容。

（6）确定设计原则和标准，包括配电网规划技术原则、配电网典型设计方案、设备选型标准等。

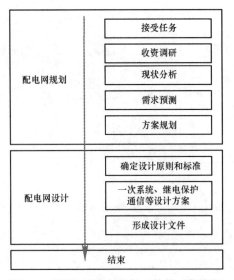

图8-1 配电网规划设计一体化工作流程

（7）开展方案设计。由各专业部门分专业开展设计，包括一次系统设计、继电保护设计、通信设计、土建设计、电缆排管设计等。

（8）汇总设计方案，形成正式设计文件。

第三节　新型城镇化配电网规划综合项目库建设

新型城镇化配电网规划综合项目库建设应按照以下三点要求执行：

（1）无需求、不入库；未入库、不可研；无可研，不储备；无储备，不投资。遵循项目管理的一般规律，确认了需求的项目，才能纳入规划项目库；纳入了规划项目库的项目才允许开展可研；可研评审通过的项目，才能纳入项目储备库；在项目储备库中的项目，才能纳入投资计划。

（2）实现项目需求管理的全覆盖。遵循"开放式收集、专业化管理"的原则，最大可能实现项目需求管理覆盖企业、社会发展的各个方面。项目需求需包括新建变电站配套 10kV 出线、供电能力改善、供电质量治理、网络结构优化、设备治理、高损线路和台区治理、县级以上人大代表建议、政协委员提案办理、舆情控制、建赈扶贫、分布式电源接入、其他项目（包括扩展性改迁项目、市政建设或重大基础设施建设配套等）等方面的电网建设需求。

（3）实现规划与计划的无缝衔接。通过可研做实工程规模和投资规模，通过对项目解决各类问题的评价综合确定项目建设的优先顺序，为实现规划与计划的无缝衔接奠定基础。

第四节　新型城镇化配电网建设项目的建议书编制

新型城镇化配电网建设项目的建议书编制要求包含 6 部分内容，分别为建设理由、建设条件、工程建设规模、投资估算、资金来源和工程进度。典型编制模板及要求如下。

1. 建设理由

按照国家政策、公司发展战略，本项目属于提高市场份额项目。主要为满足地区负荷发展需求，增供售电量，降低周边变电站的负载率，提高电网供电可靠性。通过新建××110kV 变电站一座，投运后可有效缓解周边变电站的负载情况，将区域容载比从 1.57 提高到 1.84，提高供电可靠性，从而保障该区域社会经济发展，满足区内新增用户的用电需求，促进区域的有序发展。

2. 建设条件

描述建设站址、环境等条件。

3. 工程建设规模

介绍项目工程建设规模，如建设主变容量 40MVA 变压器两台，110kV 进线两回，共计 10km。

4. 投资估算

投资估算为 4500 万元。

5. 资金来源

资金由公司自筹。

6. 工程进度

2017 年开工，2018 年投运。

第五节　新型城镇化配电网建设项目的可行性研究报告编制

新型城镇化配电网建设项目的可行性研究报告应包括工程概述、系统部分、系统二次、变电部分、输电部分、环境保护、水土保持、节能降耗和社会稳定、技术经济部分、附图及附件。编制模板及要求如下。

1　工程概述

1.1　设计依据

列举工程开展的依据的主要文件，说明工作任务的依据。依据文件包括经批准或上报的前期工作审查文件或指导性文件、与委托方签订的设计咨询合同等。

1.2　工程概况

简述工程概况，电网规划情况及前期工作情况。对扩建、改建工程，应简述先期工程情况。

简要叙述建设必要性和项目概况，列出本项目的变电、线路技术指标表。

1.3　主要设计原则

列举本工程开展的主要设计依据的原则。主要包括：根据电网发展规划的要求，结合工程建设条件等提出本项目的设计特点和相应的措施；各专业的主要设计原则和设计指导思想；采用新技术及标准化情况。

1.4　经济性与财务合规性

按照《国家电网公司项目可研经济性与财务合规性评价指导意见》（国家电网财〔2015〕536 号）要求，对项目的经济性与财务合规性进行分析。论述项目在前期立项阶段是否符合国家法律、法规、政策以及公司内部管理制度等各项强制性财务管理规定要求，以及项目在投入产出方面的经济可行性与成本开支的合理性。

2　系统部分

2.1　系统一次

论证项目建设的必要性，对建设方案进行技术经济节能等综合比较，提出推荐方案，确定合理的工程规模和投产年限。进行必要的电气计算，对有关的电气设备参数提出要求。

2.1.1　电网现状

概述与本工程有关电网地区的全社会、全网（或统调）口径的发电设备总规模；电源结构、发电量；全社会、全网（或统调）口径用电量、最高负荷及负荷特性；电网输变电设备总规模；与周边电网的送受电情况；供需形势；主网架结构、与周边电网的联系及其主要特点。说明本工程所在地区同一电压等级电网的变电容量、下载负荷，所接入的发电容量，本电压等级的容载比；电网存在的主要问题；主要在建发输变电工程的容量、投产进度等情况。

2.1.2 负荷预测

介绍与本工程有关区域（或省）电力（或电网）发展规划的负荷预测结果，根据目前经济发展形势和用电增长情况，提出与本工程有关电网的全社会、全网（或统调）负荷预测水平，包括区域（或省）和分地区（供电区或行政区）过去5年及规划期内逐年（或水平年）的电量及电力负荷，分析提出与本工程有关电网设计水平年及远景水平年的负荷特性。

2.1.3 工程建设必要性

根据与本工程有关的电网规划及电力平衡结果，关键断面输电能力分析，分析本工程（含电网新技术应用）建设的必要性、节能降耗的效益及其在电力系统中的地位和作用，说明本工程的合理投产时机。

2.1.4 变电站接入系统方案

根据电网规划、原有网络特点、负荷分布、断面输电能力、先进适用新技术应用的可能性等情况，提出接入系统方案，必要时进行多方案比选，提出推荐方案。新建项目的接入系统方案一般至少需提出2个。

2.1.5 电气计算

对2.1.4中的各种接入方案进行潮流计算和短路电流计算（按投产年和远景年分别进行短路电流计算），并对结果进行比较分析。

2.1.6 方案比较及推荐

从潮流分布合理性、网损、与电网规划的衔接、工程造价、工程可实施性等角度进行方案比选，提出推荐方案。

2.1.7 无功平衡及调相调压

按变电站规划规模和本期规模，根据分层分区无功平衡结果，结合调相、调压计算，分别计算提出远期和本期低压无功补偿装置分组数量、分组容量。

2.1.8 线路型式和导线截面选择

根据正常运行方式和事故运行方式下的最大输送容量，考虑到电网发展，必要时对不同导线型式及截面、网损等进行详细技术经济比较，确定线路型式及导线截面。

2.1.9 主变压器选择

根据分层分区电力平衡结果，结合系统潮流、负荷增长情况，合理确定本工程变压器单组容量、本期建设的台数和终期建设的台数。

2.1.10 项目建设规模

提出本项目的本期建设规模和远景规模。

2.1.11 对主要电气设备参数的要求

提出主要电气设备的参数要求。

（1）主变压器参数。结合潮流、调相调压及短路电流计算，确定变压器的额定主抽头、阻抗、调压方式等。

（2）短路电流水平。提出变电站高、中压母线侧短路电流水平；必要时，应结合系统要求，对变电站母线通流容量、电气设备额定电流提出初步要求。

（3）无功补偿容量。按变电站规划规模和本期规模，根据分层分区无功平衡结果，结合调相、调压计算，分别计算提出远期和本期低压无功补偿装置分组数量、分组容量。

2.2　系统二次

2.2.1　系统继电保护

（1）概况。概述与本工程有关的系统继电保护现状，包括配置、通道使用情况、运行动作情况，并对存在的问题进行分析。

（2）保护配置方案。提出与本工程相关线路保护、母线保护、自动重合闸、故障录波器及专用故障测距等的配置方案。

（3）对相关专业的要求。提出保护对通信通道的技术要求，包括传输时延、带宽、接口方式等。

提出对电流互感器、直流电源等的技术要求。

（4）安全稳定控制装置。以一次系统的潮流、稳定计算为基础，进行必要的补充校核计算，对系统进行稳定分析，提出是否需配置安全稳定控制装置。

2.2.2　系统远动

（1）现状及存在的问题。概述与本工程相关的调度端能量管理系统、调度数据网络等的现状及存在问题。

（2）远动系统。根据调度关系，提出远动系统配置方案，明确技术要求及远动信息采集和传输要求。

（3）相关调度端系统。结合本工程建设，说明完善和改造相关调度端系统的必要性、可行性，提出改造完善方案和投资估算。

2.2.3　电能计量

根据各相关电网电能量计量（费）建设要求，提出本工程计费、考核关口计量点设置原则，明确关口表和电能量采集处理终端配置方案，提出电能量信息传送及通道配置要求。

2.2.4　调度数据通信网络接入设备

提出本工程调度数据通信网络接入设备配置要求、网络接入方案和通道配置要求。

2.2.5　二次系统安全防护

提出二次系统安全防护设备和软件配置要求。

2.2.6　系统通信

（1）现状及存在的问题。概述与本工程相关的通信传输网络、调度程控交换网、综合数据网等的现状及存在的问题。

（2）系统通信方案。根据需求分析，提出本工程系统通信建设方案，包括光缆建设方案、光通信电路建设方案、组网方案、载波通道建设方案、微波通道建设方案等。

设计宜提出两个可行方案，并进行相应的技术经济比较，提出推荐方案。

（3）通道组织。提出推荐通信方案的通道组织。

（4）综合数据网。根据相关电网综合数据通信网络总体方案要求，提出本工程综合数据通信网络设备配置要求、网络接入方案和通道配置要求。

3 变电部分

3.1 站址选择

叙述选站经过，应包含多站址初选比较和重点比较的经过。除已规划好的城市变电站址工程外，常规工程应有两个或两个以上可行的站址方案。对于规划确定的单站址方案，经技术经济分析，如出现重大因素使得建站有困难，应重点论述，给出明确结论。

站址应明确用地性质，并取得地方政府相应的许可。

3.1.1 站址基本情况

选站基本情况说明，包括选站的简单经过，各站址方案地理位置描述。主要说明各站址区域概况、站址的拆迁赔偿情况、出线条件、站址水文气象条件、水文地质及水源条件、站址工程地质等。

3.1.2 主变压器运输条件

对主变压器运输技术数据、路径进行描述，需附推荐站址主变压器运输路径图。

3.1.3 站址上下水

说明变电站给排水方案，注明给水接入及排水管道长度。

3.1.4 线路走廊

按本工程最终规模，确定出线回路数，规划出线走廊及排列次序。

3.1.5 施工条件

说明站址的施工条件。

3.1.6 站址技术经济比较及结论

对各方案建设条件和建设投资、运行费用进行综合经济技术比较，提出推荐站址方案，并对推荐理由作简要论述。

3.2 主要设计原则和工程设想

3.2.1 电气主接线

描述主变压器及各级电压配电装置规模；各电压等级配电装置的本期及远景接线形式；有站外电源时应说明站外电源来源、引线长度或工程量。

3.2.2 主要设备选型

（1）短路电流水平。进行初步的短路电流计算，并据此选择短路电流水平。

（2）污秽区。说明变电站所处的污区以及各电压等级设备爬电距离。

（3）设备选择。说明主变压器、配电装置的选型方案。

3.2.3 电气总平面布置及配电装置形式

（1）电气总平面布置及配电装置。说明电气总平面的布置格局，参考或套用的通用设计方案号，说明与通用设计的主要差别；平面方案的面积指标，如有两个及以上方案时应进行比选并给出推荐方案；说明各级电压配电装置的形式选择，如有远景过渡还应说明远景期的配合措施。

（2）绝缘配合及防雷接地。叙述绝缘配合初步方案以及防雷和接地的初步方案。

3.2.4 电气二次

简述控制方式的选择,提出监控系统的主要设计原则。对需结合本工程改造的控制系统,应提出设计方案,说明必要性、可行性,提出改造方案和投资估算。

简述直流电源系统电压选择,提出直流电源系统及交流不停电电源(UPS)装置配置方案。简要说明主要元件保护、GPS对时系统、图像监视系统等的配置方案。

简要说明控制室、继电器小室等二次设备布置的主要设计原则。

3.2.5 总体规划和总布置

说明站区总体规划的特点,进出线方向和布置,进站道路引接长度,对站区总平面布置方案的设想。预估本工程共需征地面积和站区围墙内占地面积。

3.2.6 站区竖向布置

说明竖向布置方式、场地设计标高的选择;结合竖向布置,叙述站区防洪排涝措施。

3.2.7 建筑规模及结构设想

叙述全站主要建筑物的设计原则;叙述主要建(构)筑物的抗震等级及结构型式;叙述地基处理方案。

3.2.8 采暖通风及消防

提出站区采暖、通风和空气调节系统的设想和设计原则。

叙述站区主要建构筑物及大型充油设备的消防设计原则,提出站区主要建、构筑物的消防设想和设计方案。

3.2.9 供排水系统

简述变电站供、排水的设想和设计原则。

3.2.10 配套变电间隔情况

说明配套工程的扩建及改造内容,说明本期及远景接线方案、平面布置方案,间隔排列或调整顺序,说明短路电流计算结果并校验已有设备,提出新增设备的形式及污秽等级、主要参数。说明配套工程的布置格局、场地设计标高、地基处理方案、构支架方案,提主接线,总平面布置图。

4 输电部分

介绍本项目的线路部分建设规模。

4.1 ××线路工程(如有多条线路应分别叙述)

4.1.1 线路概况

简述近期电力网络结构,明确本线路是否为重要线路,线路起迄点及中间落点的位置、输电容量、电压等级、回路数、导线截面及是否需要预留其他线路通道等。

4.1.1.1 回路数及导、地线型号

根据系统要求的输送容量及沿线海拔、冰区划分、大气腐蚀等,推荐选定的导线型号。

根据导地线配合、地线热稳定、系统通信等要求,推荐地线型号。

4.1.1.2 推荐方案长度

提出线路的建设规模。包括线路长度,各类杆塔建设规模等。

4.1.1.3 预留通道

提出本项目的远景线路通道的预留情况。

4.1.1.4 输电通道整合

如有多回路同塔，需详细叙述必要性。如有架空线多回、混压/同压、电缆等多种情况，应补充一张线路示意图、电缆如有多种敷设方式的，应补充一张电缆构筑物方式示意图，并标示各段长度。

4.1.1.5 通信需求

兼顾通信专业要求，提出本线路的光缆建设方案。

4.1.2 变电站进出线情况

说明变电站进出线位置、方向、与已建和拟建线路的相互关系，远近期过渡方案。

4.1.3 线路路径方案

4.1.3.1 沿线规划情况

说明本线路的沿线规划情况。

4.1.3.2 主要障碍物及交叉跨越

描述线路工程需经过的主要障碍物、沿线公路、航道、与其他电力线交跨等情况。

4.1.4 路径方案选择

宜选择2～3个可行的线路路径，对比选方案进行技术经济比较，说明各方案路径长度、地形比例、曲折系数、房屋拆迁量、节能降耗效益等技术条件、主要材料耗量、投资差额等，并列表进行比较后提出推荐方案。

4.1.5 推荐路径方案

4.1.5.1 路径描述

对推荐路径方案做简要说明。

4.1.5.2 走廊清理

说明推荐路径方案与沿线主要部门和单位的原则性协议情况。

4.1.6 地质条件

说明推荐路径方案地质条件。

4.1.7 水文、气象条件

说明推荐路径方案水文气象条件。

4.1.8 工程设想

4.1.8.1 架空输电线路

（1）主要设计气象条件。提出推荐路径方案的主要设计气象条件，包括设计最大风速情况、设计覆冰情况等。对特殊气象区需较详细调查、论证。

（2）导、地线型号。根据系统要求的输送容量及沿线海拔、冰区划分、大气腐蚀等，推荐选定的导线型号。

根据导地线配合、地线热稳定、系统通信等要求，推荐地线型号。

列出推荐的导地线机械电气特性，防震、防舞措施。

（3）线路绝缘配合。

1）绝缘配合。根据电网污区分布图明确沿线污区等级，确定绝缘配置原则，提出爬电比距范围。

2）绝缘子型号。推荐选择绝缘子型式及片数，防污设计。

（4）杆塔与基础。结合工程特点，进行全线杆塔塔型规划并提出杆塔主要型式，应说明塔型选择理由。根据杆塔构造，列出主要材料。

结合工程特点和沿线主要地质情况，提出推荐的主要基础型式。

4.1.8.2　电缆线路

含电缆选型、截面选择、电缆附件选型、电缆敷设和固定方式、过电压保护、土建部分、电缆附属设备等内容，应分节叙述。

4.2　××—××线路

……

5　环境保护、水土保持、节能降耗和社会稳定

5.1　环境保护

提出生产废水、生活污水、噪声、电磁污染的治理措施。

5.2　水土保持

根据政府部门相关文件，提出水土保持措施。

5.3　节能减排

提出本项目的节能方案。

5.4　社会稳定

从合法性、合理性、可行性、可控性等方面分别论述。

6　技术经济部分

6.1　编制原则和依据

提出本项目的投资估算编制依据，应包括估算编制的主要原则和依据，采用的定额、指标以及主要设备、材料价格来源等。

6.2　投资估算

列出本项目的投资估算表。估算应包括但不限于以下内容：工程规模的简述、估算编制说明、估算造价分析、总估算表、专业汇总估算表、单位工程估算表、其他费用计算表、本体和场地清理分开计列、编制年价差计算表、调试费计算表、建设期贷款利息计算表及勘测设计费计算表等。

6.3　经济分析

6.3.1　造价分析

根据国家电网公司颁布的通用设计及通用造价，进行分析。

7　附图及附件

7.1　附图

（1）附图1-1　××年××地区××kV电网地理接线现状图

（2）附图1-2　××年（投产年）××地区电网地理接线示意图

（3）附图 1-3 ××变电站站址方案地理位置及出线规划图

（4）附图 1-4 ××变电站站区总体规划图

（5）附图 1-5 ××变电站主变运输路径示意图

（6）附图 1-6 ××变电站本期电气主接线图

（7）附图 1-7 ××变电站远景电气主接线规划图

（8）附图 1-8 ××变电站总平面布置图（方案一）

（9）附图 1-9 ××变电站总平面布置图（方案二）

（10）附图 1-10 ××变电站××kV 配电装置配置接线图

（11）附图 1-11 ××变电站××kV 配电装置平面布置图

（12）附图 1-12 线路路径方案图（审查时备带比例尺的图）

（13）附图 1-13 全线铁塔一览图（一）

（14）附图 1-14 全线铁塔一览图（二）

（15）附图 1-15 线路基础一览图

7.2 附件

（1）附件 1-1 ××市住房和城乡建设局《建设项目选址意见书》

（2）附件 1-2 ××市住房和城乡建设局文件《关于××变进线线路路径方案的审定意见》

（3）附件 1-3 ××发展［20××］×××号"关于《××××地区 20××年××kV××××输变电工程选所报告》的评审意见"

（4）附件 2-1 ××变电站工程选站报告

（5）附件 2-2 ××线路工程选线报告

第六节 新型城镇化配电网规划设计各阶段的衔接及优化

遵循管理优化的总体思路（"系统化、信息化、可控化、精细化"），选取 5 个重点环节开展优化建议，提升新型城镇化配电网规划设计各阶段的衔接及优化。

（1）配电网评估优化：在管理的精细化和信息化上开展优化。在精细化方面，对现状配电网评估对象细化和评估内容深化，提出适应新型城镇化特点的评价指标体系，满足新型城镇化配电网网架规划优化的需求；在信息化方面，建议对各部门收集的现状配电网数据信息进行整合，提升配电网评估的准确性，提高评估工作效率。

（2）负荷预测管理优化：在管理的精细化方面开展优化。提出对空间负荷预测的工作深度和要求予以细化，提高预测结果的精细度，更好地指导中压配电网规划建设；提出负荷结构优化、参数滚动优化等策略反映新型城镇化地区实际负荷特性，提升负荷预测的准确性。

（3）电源仓位管理优化：在管理的信息化和可控化方面开展优化。在信息化方面，提出将仓位现状、近期利用、远景规划的信息进行整合，使仓位管理与配电网规划衔接结合，提升仓位管理的科学性；在可控化方面，完善仓位使用的审批许可制度，形成仓位使用闭环流程，并依托指标体系强化仓位使用管控，最大程度提升仓位使用效益。

（4）电力通道管理优化：在管理的系统化、信息化和可控化方面开展优化。在系统化方面，完善电力通道规划的管理流程，形成综合不同电压等级电缆线路需求的统一通道规划；在信息化方面，将通道现状、近期利用、远景规划的信息进行整合，使通道管理与配电网规划衔接结合，提升通道管理的科学性；在可控化方面，建立通道规划、通道建设、通道使用审批的评价指标体系，以量化的考核标准，强化各阶段通道管理的控制力度。

（5）配电自动化管理优化：在管理的系统化、可控化方面开展优化。在系统化方面建立配电自动化规划的协同机制，提出配电自动化规划协同工作、协同管理流程和管理制度，提升配电自动化规划的科学性和工作效率。在可控化方面，建立规划条线对配电自动化建设方案的会签机制和审核决策过程，强化对配电自动化建设的控制力度，突出规划对配电自动化的引领作用。

第九章

新型城镇化配电网规划设计的管理

第一节　中长期新型城镇化配电网规划的管理

结合现状配电网发展战略中长期新型城镇化配电网规划特征，运用现代过程管理理论，提出管理优化的总体思路，即"系统化、信息化、可控化、精细化"，如图 9-1 所示。

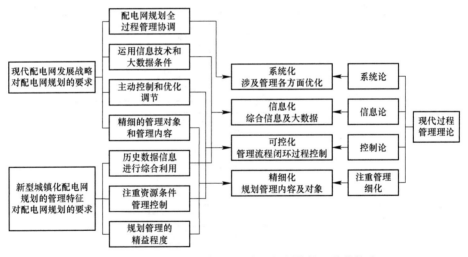

图 9-1　中长期新型城镇化配电网规划的管理总体策略

系统化：配电网规划管理优化覆盖规划工作的全过程，涉及不同阶段、不同专业规划的横向过程和规划工作中各管理环节的纵向过程。

信息化：运用现代配电网在信息采集和计算机分析方面的优势，按不同的规划工作内容，建立合适的综合信息平台，运用大数据分析，提升规划管理效率。

可控化：将配电网规划管理的各个环节流程形成闭环流程，按一定的评价标准，对管理对象进行过程控制，建立科学、严谨的规划管理体系。

精细化：对配电网规划的管理对象和管理内容进行细化、深化，提升配电网规划管理的总体水平。

第二节　新型城镇化配电网综合项目库的管理

项目储备库是电网企业实施配网建设管理的"中转站"，包括项目从规划库到储备库的"入库"管理和储备库到建设计划的"出库"管理。如何在错综复杂的建设环境下寻找一套行之有效的管理方法，既能最大化规避配网工程实施过程碰到的突出矛盾，又能形成年度配网项目可持续梯队管理，是摆在新型城镇化供电企业面前的重要难题，新型城镇化配电网综合项目库储备工作流程如图9-2所示。

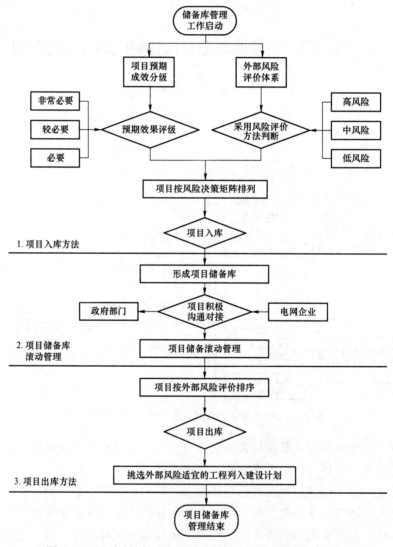

图9-2　新型城镇化配电网综合项目库储备工作流程

（1）实现管理集约化，有效提高项目储备库管理效率。通过风险评价将项目储备库工程按项目成效和风险大小排序，优先安排成效好、风险小的工程予以实施，使得项目管理单位在开工前提前预判风险和消除隐患，在实施过程中及时掌控和有效应对，大大缩短了项目政策处理、施工变更等所花费的时间，缩短了项目建设周期，加快项目建成和完成固定资产入库工作。

（2）实现投资精准化，充分发挥建设资金有效利用率。通过风险辅助项目储备库管理，建设单位将每一笔建设投资发挥最大的社会经济效益，安排最适宜的配电网工程予以实施，提升了投资管理精益化水平。

（3）实现政企联动化，良好履行企业责任和保障民生。配电网建设与改造升级的目的是确保配电网发展与区域经济、社会发展相协调，做到电网发展服务地方经济发展大局。采用风险决策辅助配电网项目储备库管理，电网企业与政府部门群策群力、共同推进项目落地和发展方向，充分体现了电网企业的社会责任，将取得良好的社会综合效益。

第三节　新型城镇化配电网项目可行性研究报告评审管理

新型城镇化配电网项目可行性研究报告评审应通过加强评审计划、优化评审流程、提升评审质量、应用信息化手段来全面提升管理水平。

强化评审计划管理。评审中心评审任务繁重，评审项目繁杂，首先需要建立详细合理的评审计划管理制度，统筹管理评审工作，以摆脱当前临时性评审任务繁多的困境。为避免重复性工作，浪费有限的人力资源，建立完善的计划管理机制，需从公司全局进一步优化、细化管控手段和力度，增强协同工作管理。要求建设管理单位配合经研院制订详细的年度评审计划，分解至月度计划，并要求各相关单位按此计划严格执行。根据项目的建设要求，允许计划适时的滚动调整。

优化评审流程。工程评审涉及的专业较多，为了能够使各专业对技术方案进行充分讨论，有效增强各专业的评审深度，节省评审会议时间，提高评审效率，考虑评审会分专业组进行评审，评审结果汇总提交大会总结，并形成会议纪要。为减少重复工作，提高评审工作效率，考虑项目评审现场收口，对于具备条件的项目评审和收口同步完成。对于方案变动较大的工程，要求设计单位按照会议纪要内容进行逐条答复，并严格控制收口时间。

提高评审质量。首先确保评审队伍力量，通过建立评审专家库，将公司系统内各专业领域资深、权威及经验丰富的专家纳入评审专家库，来解决经研院专业人员不全的问题，提高评审质量，增加评审深度。通过培养综合型专业评审人员，实现一专多能，使专业人员在掌握主专业技术的前提下，适当扩大专业范围，能够承担相关专业的评审工作。其次评审业务工作是一个与多专业、多单位进行沟通协调的过程，为有效协调各专业、各单位之间的技术接口问题，加强沟通配合，考虑为每个工程设置项目负责人，对评审计划的安排、评审会议的准备、修改意见的反馈和评审意见的汇总等环节进行全过程跟踪，有利于评审业务高质高效地完成。最后提升评审质量的关键要从源头，及提升设计质量抓起。考虑建立设计资信评价机制，对工程设计质量进行评价，定期以简报形式予以发布，内容包含评审工作开展情况、工程设计存在问题等，有利于设计单位发现存在问题并且有针对性地进行整改。

提升管理水平。借助信息化手段，全面提升管理水平。为实现动态管理，全过程管控，应借助信息化手段全面支撑评审管理需求，以优化设计评审管理机制，规范基建工程评审标准和流程为主要目标，依据信息化数据标准化、流程模式化、分析自动化的特点，促进基建工程可研、初设评审工作从评审计划、申报、初屯、预审、评审到收口评审一系列管理活动的标准、规范、高效，实现评审计划可跟踪、申报有目录、初审有模板、进度有监督、收口有评测、资料档案可检索和共享的工程设计评屯过程管控模式。

第四节　新型城镇化配电网规划设计一体化工作管理

新型城镇化配电网规划设计一体化工作管理通过项目需求管理、项目前期管理、项目储备库管理、项目排序管理、工作评价五个封闭的全流程进行管理。

将配电网项目库建设及项目前期管理的全过程管理流程，固化为项目需求管理、项目前期管理、项目储备库管理、项目排序管理、工作评价管理等五个紧密衔接的工作阶段。

明确工作总流程和项目需求管理、可研编制及评审管理的分流程；明确各阶段中，各单位各部门工作职责，构建"横向到边，纵向到底"的工作协同机制。

项目需求管理、项目前期管理、项目储备库管理三个阶段为常态化工作阶段，项目排序管理、工作评价管理两个阶段为定期开展工作。常态化工作阶段以月为工作周期，完成从项目需求收集至可研评审、日常工作评价的工作流程，形成有序推进工作、滚动完善规划项目库和储备库的常态工作机制，适应配电网项目点多面广的客观状况。

结　束　语

　　新型城镇化配电网规划包括配电网现状评估、负荷预测、高压配电网规划、中压配电网规划、配电网智能化规划、投资估算与成效分析等主要部分。本书就新型城镇化配电网规划的内容、原则、方法和流程进行了讲解说明，并举例分析。另外对新型城镇化配电网规划设计一体化、新型城镇化配电网规划设计管理进行了相关介绍。希望对读者有所帮助。在规划工作的具体实施过程中，仍需要对具体问题进行具体分析，结合各个规划区自身特色，对文中提到的各类方法，适当选取、灵活运用。